C. Stanley Ogilvy

Mathematische Leckerbissen

Über 150 noch ungelöste Probleme

mit 39 Bildern

Friedr. Vieweg + Sohn
Braunschweig

Übersetzt von Dr. *Eberhard Bubser*

Titel der Originalausgabe:
Tomorrow's math
un solved problems for the amateur
erschienen bei
Oxford University Press Inc., New York
Copyright © 1962 by C. Stanley Ogilvy

ISBN 978-3-322-96135-8   ISBN 978-3-322-96269-0 (eBook)
DOI 10.1007/978-3-322-96269-0

Verlagsredaktion: *Alfred Schubert*

1969
Copyright der deutschen Ausgabe © 1969
by Friedr. Vieweg + Sohn, Braunschweig
Satz und Druck: Friedr. Vieweg + Sohn, Braunschweig

Best.-Nr. 8281

Inhaltsverzeichnis

1. Die Bedeutung ungelöster Probleme

Was ist ein mathematisches Problem?

Für den Mathematiker bedeutet ein Problem oft viel mehr als „eine Frage, auf die man eine Antwort finden muß". Unter Umständen bezeichnet er das ganze Gebiet, an dem er gerade arbeitet, als sein Problem. Wenn er das tut, bedeutet es gewöhnlich, daß er an einem „guten" Problem arbeitet, einem Problem, das sich vielfach verzweigt, zu weitreichenden Einsichten führt und womöglich Zusammenhänge mit anderen Gebieten herstellt. Es ist vielleicht falsch, von guten mathematischen Problemen zu sprechen, so als ob es auch schlechte gäbe; aber interessante und langweilige Probleme gibt es auf jeden Fall. Die interessantesten sind im allgemeinen diejenigen, die man verhältnismäßig einfach formulieren kann, die vielfältige Anwendungsmöglichkeiten in der Mathematik oder anderen Gebieten versprechen, und die auch rein für sich betrachtet einen gewissen Reiz haben.

Es würde einen falschen Eindruck erwecken, wenn man sagte, daß ein Mathematiker seine Zeit mit der Arbeit an ungelösten Problemen verbringt, es sei denn, man verstünde „Problem" in einem sehr weiten Sinne als *jeden* mathematischen Gegenstand überhaupt. Es gibt Mathematiker, die so von einem oder einigen Spezialgebieten gefesselt sind, daß sie sich niemals um die Lösung anderer Einzelprobleme kümmern und sie als reine Zeitverschwendung betrachten. Andere aber sehen sich ganz gerne gelegentlich ein bißchen um und versuchen dann ihr Glück an einer Nuß, die ein Kollege nicht knacken konnte. Man kann jedenfalls nicht bestreiten, daß ungelöste Probleme in der Mathematik eine nicht zu verachtende Quelle von Anregungen sind. Und obgleich wir hier bestimmt nicht behaupten dürfen, daß alle – oder auch nur die meisten – in diesem für Nichtfachleute geschriebenen Buch behandelten Probleme ein solches Lob verdienen, hoffen wir doch, daß es uns gelungen ist, den Reiz sichtbar zu machen, den gewisse Probleme für den Mathematiker haben, und gleichzeitig damit eine Reihe von Beispielen vorzuführen, die auch der Laie verstehen und in Angriff nehmen kann.

□

In Volksschulrechenbüchern findet man viele Aufgaben der folgenden Art (und wenn es sich um englische oder amerikanische handelt, heißt die Überschrift manchmal sogar *problems*): „Ein Rechteck ist 5 Zentimeter breit und 7 Zentimeter lang. Wie groß ist sein Flächeninhalt?" Die „Antwort" auf dieses „Problem" lautet: 35 Quadratzentimeter. Wenn ein Kind die Antwort finden wollte, würde es vielleicht sorgfältig ein 7 Zentimeter langes und 5 Zentimeter breites Rechteck zeichnen, es mit dem Lineal in einzelne Quadratzentimeter aufteilen und dann zählen, wieviele Quadrate es geworden sind. Einen Mathematiker würde weder diese Aufgabenstellung noch die Lösung befriedigen, vor allem deshalb, weil die Lösung ihm nichts nützen würde, wenn es darum ginge, den Flächeninhalt eines anderen Rechtecks zu finden, das vielleicht 10 Zentimeter lang und 6 Zentimeter breit ist. Für den Mathematiker ist die Lösung, die er sucht, in den meisten Fällen nicht eine *Antwort* sondern eine *Methode.* Eine bessere Formulierung des Problems wäre also die: Die Seiten eines Rechtecks sind gegeben. Wie findet man seinen Flächeninhalt?

Eine noch bessere Formulierung wäre: Gibt es für jedes ebene Rechteck eine durch Zahlen ausdrückbare Größe, die man sinnvollerweise als seinen Flächeninhalt bezeichnen kann? Denn das vorige Problem kann nicht gelöst werden, wenn die Antwort auf dieses nicht „ja" lautet. Aber im mathematischen Elementarunterricht wird auf die letzte Frage kaum eingegangen. Man meint, daß die Antwort auf der Hand liegt, sie erscheint „einleuchtend"; man behandelt sie als eine Selbstverständlichkeit.

Seit etwa der Mitte des neunzehnten Jahrhunderts sind die Mathematiker äußerst vorsichtig geworden, wenn es darum geht, irgend etwas für selbstverständlich zu halten. Sie waren allzuoft in die Irre geführt worden, wenn sie etwas für „offensichtlich wahr" gehalten hatten. Es ist zum Beispiel einleuchtend, daß jedes Stück Papier – wie etwa dieses Buchblatt – zwei Seiten hat, in dem Sinne, daß ein Käfer, der auf der einen Seite herumkriecht, nicht auf die andere Seite kommen kann, wenn er nicht um eine Kante herumkriecht oder ein Loch durch das Papier bohrt. Einleuchtend – aber falsch. Der Leser hat vielleicht schon vom Möbiusschen Band gehört. Man nimmt einen langen, schmalen Streifen Papier und klebt die Enden so zusammen, daß ein Ring entsteht (Bild 1). Wenn *A* mit *B* und *C* mit *D* zur Deckung

Bild 1

gebracht werden, dann ergibt sich ein gewöhnliches Band, mit einer Innenfläche und einer Außenfläche. Aber wenn man vor dem Zusammenkleben den Streifen so dreht, daß *A* mit *D* und *B* mit *C* zusammenfällt, dann entsteht ein Möbiussches Band, das nur eine Seite und eine Kante hat, und auf dem ein Käfer überall herumkriechen könnte, ohne jemals die Kante zu

2

überqueren. Es ist ein interessantes (und leicht lösbares) Problem, ob eine solche Fläche einen Inhalt hat, und wie man ihn gegebenenfalls ermitteln kann.

Daß die Frage nach dem Inhalt keineswegs trivial ist wird noch klarer, wenn wir es mit gekrümmten Flächen zu tun bekommen. Hat eine Kugeloberfläche einen Inhalt? Wenn ja, wie kann er definiert werden? Und wenn er definiert werden kann, wie kann er gemessen werden? Diese Fragen haben unter anderem dazu geführt, daß ein ausgedehnter, nichtelementarer Zweig der Mathematik entwickelt worden ist, die *Maßtheorie*. Man könnte meinen, daß anschaulich klar ist: Eine gekrümmte Fläche (z. B. die Oberfläche der Erde) muß einen Flächeninhalt haben. Aber selbst wenn die fragliche Fläche so glatt ist wie die einer mathematisch exakten Kugel, wie kann man sie messen? Man kann sie nicht flach ausbreiten und dann durch Vergleich mit einer bekannten ebenen Fläche messen. Mathematisch formuliert heißt das: Eine Kugeloberfläche kann nicht auf einer Ebene *abgewickelt* werden. Angenommen, man sagt nun: „Ich könnte die Oberfläche doch anmalen und genau messen, wieviel Farbe ich dabei verbrauche". Sicher könnte man das, aber Farbschichten haben immer eine gewisse Dicke. Wenn man die Oberfläche mit einer *Schale* überzieht, würde man ja eben dadurch den Begriff der Fläche unanwendbar machen. Natürlich gibt es eine Gleichung[1]) für den Inhalt von Kugeloberflächen, die vom Radius der Kugel ausgeht; aber wieviel Vertrauen kann man in solche Gleichungen setzen, solange der Begriff des Flächeninhalts nicht zufriedenstellend definiert ist?

Man könnte denken, daß ich jetzt nur scherze, und daß es den Mathematikern inzwischen doch gelungen sein müßte, den Inhalt jeder beliebig gekrümmten Fläche zu definieren. Es klingt zwar merkwürdig, aber tatsächlich ist das nicht der Fall: Eine einfache und doch adäquate Definition, die für alle Zwecke hinreichend ist, muß erst noch gefunden werden. Wir gehen auf dieses Problem in den Anmerkungen noch weiter ein.

Andere Schwierigkeiten entstehen im Zusammenhang mit dem Rauminhalt von Körpern. Anschaulich sieht es so aus, als ob man einen gegebenen endlichen Körper in eine endliche Anzahl von Stücken zerschneiden könnte, und wenn man die Stücke dann beliebig wieder zusammenfügte, zu einem neuen Körper käme, der denselben Rauminhalt hat wie der ursprüngliche. Voraussetzung ist natürlich, daß es zwischen den zusammengesetzten Stücken keine Hohlräume gibt. Aber 1924 haben *Banach* und *Tarski* gezeigt,

---

[1]) $O = 4 \pi r^2$. *Archimedes* hielt dies für seine schönste Entdeckung.

daß dies nicht notwendig so sein muß, indem sie das folgende merkwürdige Theorem bewiesen haben: Man kann eine Kugel in eine endliche Anzahl von Stücken zerschneiden und aus diesen Stücken durch starre Bewegungen (bei denen es keine Verzerrungen gibt) zwei neue Kugeln (ohne Hohlräume) bilden, von denen jede genauso groß ist wie die ursprüngliche. Man könnte denken, daß man dazu eine große Anzahl von Stücken braucht. Aber *Raphael Robinson* hat gezeigt, daß schon fünf Stücke genügen! Diese unglaublichen Resultate zeigen, daß wir unsere Vorstellung vom Rauminhalt gründlich revidieren müssen. Es kann keine allgemeine Definition geben, die für den Rauminhalt bei allen starren Bewegungen gilt – etwas, das vorher immer als „einleuchtend" gegolten hatte.

□

Vielleicht wird man mir jetzt schon zugeben, daß manche scheinbar „anschaulich evidente" Tatsachen unter Umständen gar keine Tatsachen sind. Es kann sich immer wieder herausstellen, daß es sich in Wirklichkeit um ziemlich schwierige Probleme handelt. Ein anderes Beispiel dafür ist das Euklidische Parallelenaxiom. *Euklids* Axiome für die ebene Geometrie galten ursprünglich als „evidente Wahrheiten". Heutzutage haben Mathematiker mit universellen „Wahrheiten" nichts mehr im Sinn; damit mögen sich die Philosophen beschäftigen. Aber damals nahm man an, die Axiome *Euklids* seien schlechthin wahr, was jedem vernünftig denkenden Menschen einleuchten müßte („Eine Gerade ist der kürzeste Weg zwischen zwei Punkten", und so weiter). Aber beim fünften Axiom, das sich mit den Parallelen beschäftigt, bereitet diese Vorstellung schon gewisse Schwierigkeiten; ihm fehlt der Beigeschmack des Einleuchtenden. Dieses Axiom sagt aus, daß man durch einen Punkt außerhalb einer gegebenen Geraden eine und nur eine Gerade zeichnen kann, die die gegebene Gerade nicht schneidet. Man hatte das Gefühl, daß dieses Axiom – wenn es wahr ist – aus den anderen *ableitbar* sein, d. h. daß es in Wirklichkeit ein beweisbarer Satz sein müsse. Jahrhundertelang hat es immer wieder Mathematiker gegeben, die dieses Problem zu lösen versuchten. Das Endergebnis war negativ: Das Parallelenaxiom ist tatsächlich ein unabhängiges Axiom und kann nicht aus den übrigen Axiomen abgeleitet werden. Man kam erst vor etwa hundert Jahren zu dieser Folgerung, als man einsah, daß man das Problem von der falschen Seite her in Angriff genommen hatte. Wenn es sich um ein unabhängiges Axiom, ein reines Postulat handelte, dann mußte es möglich sein, es durch ein beliebiges anderes Postulat zu ersetzen und eine andere, ebenfalls widerspruchsfreie Geometrie zu entwickeln. Und das hat sich als durchführbar herausgestellt. Es widerstrebte den Mathematikern, die Möglichkeit ins Auge zu fassen – ja, sie konnten sie sich im Grunde überhaupt nicht vorstellen –, daß es noch andere Geometrien als die *Euklids* geben könnte. Genau daran lag es, daß die Frage zweitausend Jahre lang ungeklärt blieb. Sobald man diese Hürde einmal genommen hatte, kam es zu einem rapiden Fortschritt.

Hat ein ungelöstes Problem eine lange Geschichte hinter sich, wird seine Behandlung häufig äußerst schwierig, weil es traditionell so dargestellt wird, daß man es überhaupt nicht beantworten kann. Geniale Ideen, die ganz neue Lösungsmöglichkeiten für vertraute alte Probleme eröffnen, kommen nur höchst selten vor. Wenn ein solches Problem durch eine neue Methode gelöst worden ist, erscheint die Lösung so einfach, daß man sich wundert, warum nicht schon früher jemand auf diesen Gedanken gekommen ist. Gewöhnlich liegt es daran, daß man in der falschen Richtung gesucht und sich womöglich ganz falsche Vorstellungen von der gesuchten Antwort gemacht hat.

Bei einem der drei berühmten Probleme der Antike ging es um die Dreiteilung eines Winkels mit Hilfe von Zirkel und Lineal. Es sind viele Methoden bekannt, einen Winkel zu dreiteilen, aber bei dieser Problemstellung wird ausdrücklich gefordert, daß nur die beiden klassischen Instrumente der Geometrie verwendet werden dürfen. Infolgedessen haben die Mathematiker jahrhundertelang nach einer falschen Antwort gesucht, weil das Problem unlösbar ist. Selbst als man dies schon vermutete, konnte man noch nicht den richtigen Weg einschlagen. Man mußte abwarten, bis die entsprechenden Methoden entwickelt worden waren. Wir werden auf diese Frage gleich noch zurückkommen.

Das im allgemeinen wohl erfolgreichste Verfahren, mit einem vertrackten Problem fertig zu werden, besteht darin, daß man es in einen Kontext *einbettet*, der umfassender und allgemeiner ist als der, in dem es ursprünglich aufgetreten ist. Um ein ganz einfaches Beispiel zu nennen: Arithmetische Probleme werden oft viel einfacher, wenn man sie mit den vielseitigen Methoden der Algebra behandelt. Man kann die Zahlen 98 und 102 auf die übliche Weise miteinander multiplizieren und mit etwas Mühe das richtige Ergebnis finden. Bringt man diese Aufgabe aber in eine algebraische Form, so kann man sie im Kopf lösen. Man muß nur $(100 - 2)(100 + 2)$ als Spezialfall von $(a - b)(a + b) = a^2 - b^2$ erkennen, und schon hat man die Antwort: $10\,000 - 4 = 9996$.

Ein etwas eindrucksvolleres Beispiel für ein solches Einbetten hat sich historisch im Zusammenhang mit der Konvergenz unendlicher Reihen ergeben. Wenn wir im folgenden den Ausdruck links vom Gleichheitszeichen auf die übliche Weise durch Division mit Rest ausrechnen, erhalten wir

$$\frac{1}{1-x} = 1 + x + x^2 + x^3 + \ldots,$$

wobei die Punkte „und so weiter" bedeuten. Um zu prüfen, ob dies nicht, trotz des nicht abbrechenden Ausdrucks rechts, sinnvoll sein *könnte*, machen wir die Gegenprobe durch Multiplikation mit $(1 - x)$:

$$
\begin{array}{l}
(1 - x)(1 + x + x^2 + x^3 + x^4 + \ldots) = \\
\hline
= 1 + x + x^2 + x^3 + x^4 + \ldots \\
\quad - x - x^2 - x^3 - x^4 - \ldots = \\
\hline
= 1 + 0 + 0 + 0 + 0 + \ldots
\end{array}
$$

Die Rechnung scheint also aufzugehen. Wir müssen jedoch die Reihe, die wir gefunden haben, noch etwas genauer untersuchen. Für welche Werte von x konvergiert sie? Es handelt sich um eine geometrische Reihe, und wir erinnern uns vielleicht noch daran, daß eine unendliche geometrische Reihe dann und nur dann konvergiert, wenn der Quotient zweier aufeinanderfolgender Glieder kleiner als 1 ist. In diesem Falle ist der Quotient x. Wenn wir ein beliebiges Glied herausgreifen und mit x multiplizieren, erhalten wir das folgende Glied. Die Reihe konvergiert also, und ihr Summenwert ist tatsächlich $1/1 - x$, sofern x kleiner als 1 ist, d. h. $|x| < 1$. Wir können aus zwei Gründen nicht erwarten, daß unsere Gleichung auch im Falle $x = 1$ gilt: Erstens ist die Reihe $1 + 1 + 1 + 1 + \ldots$ offensichtlich *divergent* (d. h., sie strebt keinem bestimmten Grenzwert zu), und zweitens wird der linke Ausdruck $1/0$, was keinen Sinn hat, weil wir ja nicht durch Null teilen dürfen. Der Ausdruck $1/1 - x$ hat einen Sinn für $|x| > 1$, repräsentiert dann aber nicht mehr den Summenwert der unendlichen Reihe $1 + x + x^2 + x^3 + \ldots$. Daß $1/1 - x$ sich an der Stelle $x = 1$ „vorbeibenahm", war schon eine deutliche Warnung, daß hier etwas schiefgehen würde.

Angenommen, wir erhalten – wiederum durch Ausdividieren – den Ausdruck

$$\frac{1}{1 + x^2} = 1 - x^2 + x^4 - x^6 + \ldots$$

Wieder haben wir rechts eine geometrische Reihe, die nur konvergiert, wenn $|x| < 1$. Aber diesmal findet sich auf der linken Seite kein Anzeichen dafür, daß es an der Stelle $x = 1$ Schwierigkeiten geben könnte. Setzt man diesen Wert ein, konvergiert die Reihe nicht mehr, aber die linke Seite wird einfach 1/2. Den Mathematikern wurde nicht klar, was hier eigentlich vorging, bis man eine passende Erweiterung des Zahlensystems gefunden hatte. Sobald man nämlich die reellen Zahlen in das System der komplexen Zahlen einbettet, verschwindet die Schwierigkeit. Der Nenner $1 + x^2$ wird nur dann null, wenn $x^2 = -1$ bzw. $x = \sqrt{-1}$. Im Komplexen ist nun aber der Absolutbetrag von $\sqrt{-1}$ gleich 1. Wir haben damit also einen Wert für x, bei dem $|x| = 1$ und die linke Seite „unbrauchbar" wird, genau wie beim ersten Beispiel, und man kann jetzt mit Grund davor warnen, x nicht >1 zu nehmen.

Nun kommen wir noch einmal auf das Problem der Winkeldreiteilung zurück. Vereinfacht sieht der Beweis, daß eine solche Konstruktion unmöglich ist, etwa so aus: Man zeigt zunächst, daß die Möglichkeit von Konstruktionen ausschließlich mit Hilfe von Zirkel und Lineal beschränkt ist. Auf diese Weise kann man nämlich nur Größen hervorbringen, die *nur dann* als Lösungen von Gleichungen darstellbar sind, wenn diese Lösung eine endliche Zahl von Quadratwurzeln oder Kombinationen von Quadratwurzeln enthält, aber keine anderen Wurzeln. Wenn wir nun einen gegebenen Winkel α dreiteilen sollen, müssen wir $\alpha/3$ finden. Durch Anwendung trigonometrischer Sätze kommt man zu $\cos\alpha = 4\cos^3 \alpha/3 - 3\cos \alpha/3$. Wenn also $\cos \alpha$ gegeben ist, nennen wir es k, dann wird das Problem gleichbedeutend mit der Lösung der Gleichung $4x^3 - 3x - k = 0$. Das ist nun aber eine irreduzible Gleichung dritten Grades, d. h. ihre Lösungen sind *nicht* durch eine endliche Anzahl von Quadratwurzeln darstellbar und können folglich auch nicht mit Zirkel und Lineal konstruiert werden.

Durch rein geometrische Überlegungen wäre man nicht zu diesem Ergebnis gekommen. Erst die Behandlung der Fragestellung mit algebraischen Mitteln, gleichsam ihre Einbettung in ein analytisches Medium, hat unser Resultat möglich gemacht. Wenn man zeigen kann, daß ein Problem unlösbar ist, ist dies selbst eine Lösung. Die Dreiteilung des Winkels mit klassischen Mitteln hat sich als unmöglich herausgestellt, und das Problem ist damit ein für allemal erledigt.

Es gibt Konstruktionen, die auch noch auf andere Weise unmöglich sind. Nehmen wir z. B. an, es sei eine Gerade und auf ihr die Punkte A und B gegeben. Welches ist der kürzeste Weg von A nach B, wenn man in A senkrecht zu AB startet und dann B ansteuert? Es ist klar, daß es keinen kür-

zesten Weg gibt; auch wenn die *untere Grenze* aller möglichen Wege die
Länge AB hat. Diese untere Grenze kann nicht erreicht werden, ohne die
Forderung zu verletzen, daß das erste Stück des Weges senkrecht auf AB
stehen müsse. Welchen Weg man auch immer wählt, es gibt einen, der noch
kürzer ist. (Bild 2) – Bei diesem Beispiel ist die Nichtexistenz der gesuchten
Lösung selbst die Lösung.

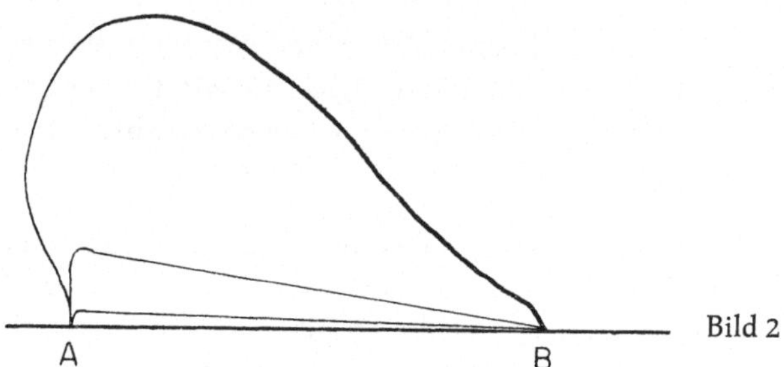

Vielleicht sollte man noch ein weniger triviales Beispiel dieser Art anführen:
Welches ist die kürzeste geschlossene Kurve, die durch den Mittelpunkt M
der Grundlinie eines gegebenen Rechtecks geht und die Fläche A des Rechtecks in zwei einfach zusammenhängende Teile zerlegt? Man muß hinzu-
fügen, daß die Kurve die Seiten des Rechtecks berühren, aber nicht überschreiten darf. Die Höhe auf M ist nicht *zu* gebrauchen, weil es sich bei ihr
nicht um eine geschlossene Kurve handelt. Trotzdem sieht es so aus, als ob
das Problem lösbar sein müßte.

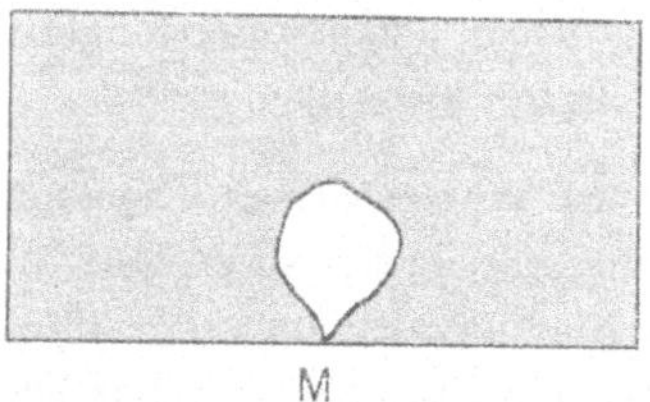

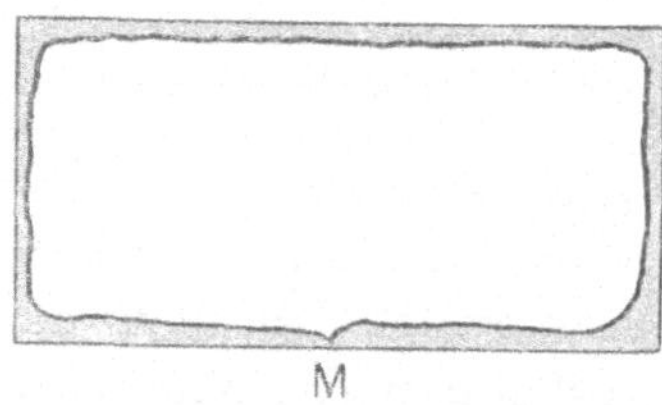

Bild 3 a

Bild 3 b

Bild 3 a zeigt eine geschlossene Kurve durch M, die das Rechteck so in zwei
Teile zerlegt, daß die dunkle Fläche deutlich größer ist als die helle; in Bild 3 b
hingegen ist die dunkle Fläche die kleinere von beiden. Es gibt viele Kurven,
die die beiden Flächenstücke gleich groß werden lassen. Welche von ihnen ist
die kürzeste? Es zeigt sich, daß die günstigste Kurve ein Kreis ist, der die
Grundlinie in M berührt und die Fläche A hat. Aber das bedeutet, daß

es keine Lösung für das Problem gibt, wenn bei dem Rechteck das Verhältnis der Länge zur Breite $\pi/2$ überschreitet: der beschriebene Kreis paßt dann nicht mehr in das Rechteck hinein. Man muß eine andere Kurve nehmen, und unter ihnen gibt es keine mehr, die die kürzeste ist.

Vor etwas mehr als dreißig Jahren erregte *Kurt Gödel* mit einer ganz neuen Art von ungelöstem Problem Aufsehen in der Welt der Mathematik. Man hatte es bis dahin immer für selbstverständlich gehalten (schon wieder diese gefährliche Annahme!), daß jeder mathematische Satz beweisbar wahr oder falsch sei.

Gödels Entdeckung zeigte, daß es mathematische Sätze gibt, die vollkommen sinnvoll und vielleicht wahr, vielleicht falsch sind (in dem mathematischen Sinne von wahr oder falsch, bei dem es sich um die logische Ableitbarkeit aus einer Reihe explizit gemachter Annahmen handelt), bei denen es aber kein Verfahren gibt, herauszufinden, ob sie wahr oder falsch sind. Ein Problem dieser Art wird *unentscheidbar* genannt, weil man nicht sagen kann, ob es eine Lösung gibt oder nicht. Viele Mathematiker glauben, daß Probleme, die im Gödelschen Sinne unlösbar sind, nicht häufig auftreten und auch nicht leicht zu formulieren sind. Es kann gut sein, daß keines der in diesem Buch vorkommenden Probleme in diesem Sinne unentscheidbar ist.

□

Die Art, wie wir hier vorgehen, ist in gewissem Maße vom Zufall bestimmt. Wir werden einige Probleme behandeln, die man mit einem Minimum an mathematischen Voraussetzungen formulieren und verstehen kann, und von ihnen aus zu Problemen übergehen, die nur mit einem gewissen mathematischen Aufwand hinreichend erklärt werden können. Dabei werden wir aber auf die nötigen mathematischen Kenntnisse je nach Bedarf kurz eingehen.

2. Anwendungsprobleme

Wir wollen zunächst auf einige Probleme eingehen, die man als „praktische Probleme" bezeichnen könnte. Wie praktisch sie sind, ist eine Frage des Standpunkts. Jedenfalls kann man sie ziemlich unmittelbar zu Situationen des praktischen Lebens in Beziehung setzen. Wenn wir wollen, können wir sie als Probleme der angewandten Mathematik bezeichnen.

Früher bereitete man die Verteidigung eines Landes vor, indem man die Truppen in strategisch günstigen Positionen entlang der Grenze aufstellte. Heute ist der Angriff dreidimensional geworden; man muß Bombenangriffe und den Einsatz von Luftlandetruppen im Innern des Landes einkalkulieren. Das Problem, die Gesamtheit des eigenen Territoriums abzudecken[1]), ist besonders wichtig geworden. Wie kann man nun seine Verteidigungskräfte am günstigsten verteilen?

Um das Problem zu vereinfachen, wollen wir annehmen, es handle sich um ein großes Land mit geringer Bevölkerungszahl, das einen Angriff aus der Luft erwartet. Flugzeuge können überall landen; es gibt kein bestimmtes Gebiet, das für den Feind günstiger gelegen wäre als irgendein anderes. Die Armee der Verteidiger verfügt über eine begrenzte Anzahl von beweglichen Einheiten. Wie soll man sie über das zu schützende Gebiet verteilen? Der Feind wird ihre Positionen feststellen und an einem Ort landen, dessen Entfernung von der nächsten Stellung der Verteidiger möglichst groß ist. Die Aufgabe der Verteidiger besteht also darin, ihre Positionen so über ihr Gesamtterritorium zu verteilen, daß die Entfernung von jedem beliebigen Ort zu der ihm am nächsten liegenden Einheit der Verteidiger ein Minimum wird. Das dabei entstehende Gebilde von Stützpunkten nennen wir die Konfiguration, die die beste Abdeckung liefert.

Dieses Problem der besten Abdeckung ist weit davon entfernt, gelöst zu sein. Selbst die Antwort auf die folgende einfachere Frage ist noch unbekannt: Welches ist die beste Verteilung von n Positionen (Punkten) auf einer ebenen Kreisfläche? Etwas präziser ausgedrückt: Kein Punkt der Kreisfläche befindet sich in einer Entfernung von einer der gewählten Positionen, die größer als k wäre. Welches ist der kleinste mögliche Wert von k für ver-

---

[1]) Engl.: *Problem of dispersal*. Es handelt sich um eine Variante der aus der Geometrie bekannten *Bedeckungsprobleme*. Vgl. Herbert Meschkowski, „Ungelöste und unlösbare Probleme der Geometrie", Friedr. Vieweg & Sohn, Braunschweig 1960. – Der Übersetzer.

schiedene n? Man kennt die Antwort für $n \leqq 5$, aber es gibt viele Werte von $n > 5$, für die das kleinste k nicht bekannt ist. Eine allgemeine Lösung scheint im Augenblick noch in weiter Ferne zu liegen.

Auf der Kugelfläche wird das Problem interessanter, wenn wir es etwas verändern und nach der getrenntesten *Lagerung*[1]) von n Punkten fragen, d. h. nach der Anordnung, die die kleinste Entfernung zwischen irgend zwei dieser Punkte zu einem Maximum macht. Beim Verteilungsproblem ging es darum, wie man eine Fläche am besten mit Positionen abdeckt. Beim Lagerungsproblem wird gefragt, wie man die Positionen am weitesten voneinander getrennt hält, wie es (vielleicht) bei einer im Gleichgewicht befindlichen Anordnung einander abstoßender Partikel der Fall sein könnte. Man könnte glauben, daß hier dieselbe Sache auf zwei verschiedene Arten gemeint ist, aber das ist keineswegs so. Man würde vermuten, daß sich n Punkte immer in weiteren Abständen über eine Kugelfläche verteilen lassen als $n + 1$ Punkte. Diese Vermutung ist falsch. Es ist unmöglich, fünf Punkte so zu lagern, daß jedes Paar von ihnen durch ein Bogenstück von mehr als 90^0 getrennt ist. Mit anderen Worten, 90° ist der optimale wechselseitige Abstand. Das gleiche gilt auch für sechs Punkte. Daraus ersieht man den Unterschied zwischen Abdeckungsverteilung und Lagerung. Selbst auf einer Kugelfläche (die man als ein Land ohne Grenzen betrachten könnte) wäre bei einer Abdeckung der Wert von k für $n = 5$ nicht derselbe wie für $n = 6$. Die Werte von n, für die das Lagerungsproblem auf der Kugelfläche gelöst worden ist, sind 2 bis 9, 11, 12 und 24. Lösungen für andere Werte von n oder eine allgemeine Lösung sind unbekannt. Interessanterweise verbessert die (erst kürzlich gefundene) Lösung für $n = 11$ nicht den Wert der Lösung für $n = 12$; die Situation ist die gleiche wie im Falle von 5 und 6.

Diese Probleme, die man früher für rein theoretisch hielt, haben neuerdings erhebliche an praktischem Interesse gewonnen.

1. Wenn man den Weltraum überwachen will, entweder von einem einzelnen Lande oder von der ganzen Erde aus, muß man nach der besten möglichen Anordnung der Bodenstationen (Radioteleskope) fragen.

2. Die Rundfunkanstalten wollen eine größere Zahl von Echo-Satelliten als Relaisstationen für Hochfrequenzsendungen auf Umlaufbahnen zu bringen. Welches wäre der zu erwartende mittlere Abstand dieser Satelliten in jedem Moment bei einer reinen Zufallsstreuung? Gibt es eine optimale Anordnung der Umlaufbahnen?

---

[1]) Zum Lagerungsproblem: Vgl. ebenfalls Meschkowski, a. a. O. – Der Übersetzer.

3. Wenn die Reflektorsatelliten durch Raumstationen mit Eigenantrieb ersetzt werden, die über beliebigen Punkten der Erdoberfläche verharren können: Wie würde ein optimales Netz solcher Stationen aussehen?

Wie sollten sich drei Cowboys, die das Vieh auf einer quadratischen Ranch bewachen, über die Weidefläche verteilen? Man erkennt, daß es sich hier um das Abdeckungsproblem für eine quadratische Fläche mit $n = 3$ handelt. *Hugo Steinhaus* hat das Problem um interessante Zusatzbedingungen bereichert. Er weist zunächst darauf hin, daß es vier Vorteile mit sich bringt, wenn man das Quadrat in drei gleiche Rechtecke mit einem Cowboy in der Mitte jedes Rechtecks aufteilt (Bild 4):

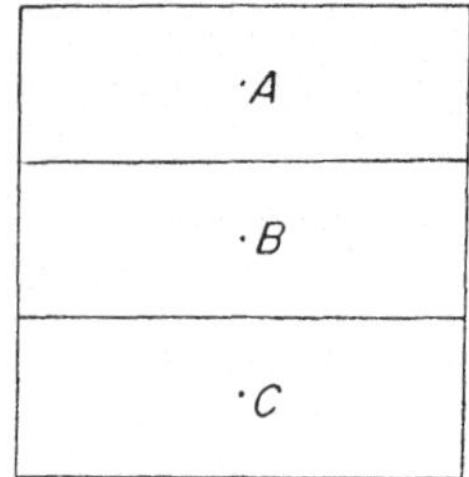

Bild 4

1. Die Flächen sind gleich.

2. Die längsten Ritte (d. h. die Entfernung, die jeder Cowboy zurücklegen muß, um den entferntesten Punkt in seinem Gebiet zu erreichen) sind gleich.

3. Jeder Punkt der Weide wird vom nächststationierten Cowboy überwacht.

4. Jeder Cowboy ist an dem Punkt seines Gebiets stationiert, von dem aus sein längster Ritt den kleinsten möglichen Wert hat.

Steinhaus betrachtet anschließend fünf weitere Aufteilungen des Weidegebiets, von denen jede den längsten Ritt reduziert, im übrigen aber wenigstens einen der vier Vorteile nicht hat. Schließlich stellt er die Frage: Gibt es unter den Aufteilungen, die alle vier Vorteile haben, eine, deren längster Ritt kürzer als der in Bild 4 ist?

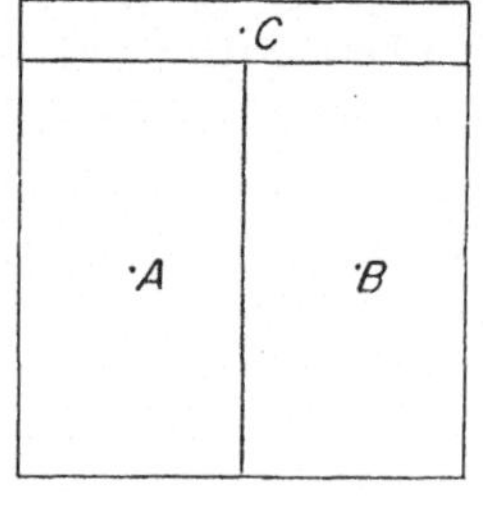

a)

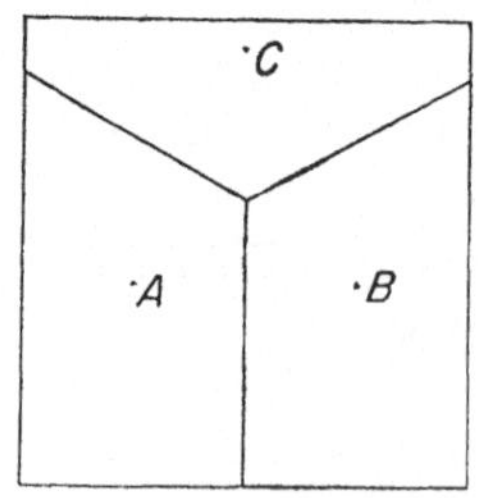

b)

Bild 5

Man hat vor kurzem bewiesen, daß die Lösung des einfachen Abdeckungsproblems im Einheitsquadrat $k = \sqrt{65/16}$ ist. Die Bilder 5a und b zeigen zwei mögliche Aufteilungen, die diesen Wert für k haben. Bei der ersten fehlt Vorteil 3, und bei beiden Vorteil 1. Das läßt vermuten, daß – wenn die Frage von *Steinhaus* mit „ja" zu beantworten ist – der längste Ritt bei jeder Aufteilung, die den gestellten Bedingungen entspricht, größer als $\sqrt{65/16}$ sein dürfte.

□

Welchen Kurs muß ein Schiff steuern, das ein anderes Schiff möglichst rasch einholen soll? Wir wollen annehmen, daß beide Schiffe einen geraden Kurs steuern, und daß das erste Schiff (der Verfolger) schneller ist als das zweite Schiff (die Prise), daß jedoch beide Geschwindigkeit und Kurs konstant halten. Die Lösung des so vereinfachten Problems ist wohlbekannt. Nehmen wir an, P und Q seien die Positionen von Verfolger und Prise zu Beginn der Verfolgung. Steuert die Prise einen beliebigen geraden Kurs, kann der Verfolger sie am schnellsten abfangen, wenn er Kurs auf den Punkt nimmt, wo der Kurs der Prise den zu P und Q gehörigen Apollonischen Kreis schneidet. Dieser Kreis ist der geometrische Ort aller Punkte, die k-mal so weit von P entfernt sind wie von Q, wobei k durch das Verhältnis der Geschwindigkeiten beider Schiffe bestimmt wird (Bild 6). Man beachte, daß Q nicht der Mittelpunkt des Kreises ist.

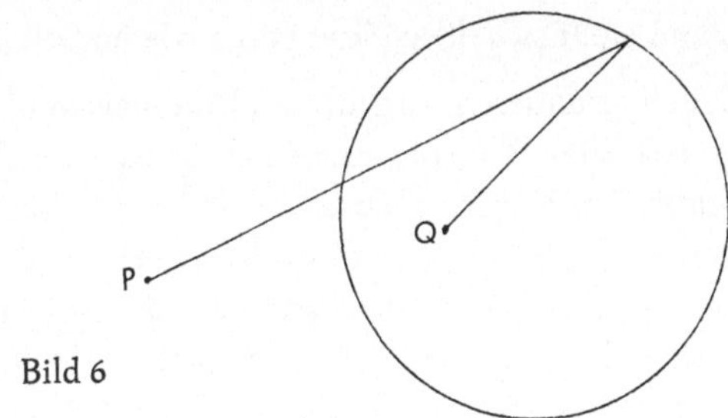

Bild 6

Diese Lösung gilt nur dann, wenn man annimmt, daß die See eben ist. Sie ist deshalb nur für Abfangmanöver über kurze Distanz brauchbar. Überträgt man den ebenen Fall auf die Kugelfläche, so wird man im allgemeinen keinen Abfangpunkt finden. Das Problem, wie man auf einer Kugel die Kollisionspunkte bei konstanten Geschwindigkeiten und Großkreiskursen bestimmen kann, ist noch ungelöst. Seine Behandlung dürfte für die Probleme der Flugnavigation bei großen Distanzen und hohen Geschwindigkeiten – wenn man die Kugelgestalt der Erde nicht mehr vernachlässigen kann – von Interesse sein.

□

Jemand fällt auf einem breiten Fluß mit parallelen Ufern, die man nicht mehr sehen kann, bei dichtem Nebel über Bord. Er weiß, wie breit der Fluß ist, weiß aber nicht, wie weit er vom Ufer entfernt ist. Wie soll er sich am zweckmäßigsten verhalten? Wenn man – etwas unrealistisch – annimmt, daß er in der Lage ist zu navigieren (d. h. die von ihm eingeschlagene Richtung im Kopf zu behalten), kann man fragen: Welches ist der kürzeste Weg, auf dem er mit Sicherheit an Land schwimmen kann?

Ein ähnliches Problem stellt sich für ein Boot, das auf See die Orientierung verloren hat, und dessen Steuermann zwar die Entfernung, aber nicht die Richtung zur Küste – die man sich in diesem Falle als geraden Strand vorstellen muß – kennt. So etwas könnte einem leichtsinnigen Fischer zustoßen, der eine bestimmte Anzahl von Meilen auf See hinausgefahren ist und dann die Netze ausgeworfen hat. Während er damit beschäftigt ist, einen guten Fang einzuholen, fällt Nebel. Als er den Motor wieder anlassen will, merkt er, daß er die Richtung verloren hat. Wir müssen außerdem annehmen, daß es an Bord keinen zuverlässigen Kompaß gibt, mit dessen Hilfe er sich orientieren könnte, daß er aber trotzdem irgenwie navigieren kann. Dann stellt sich die gleiche Frage wie im Fall des Schwimmers.

Bei einer anderen Version des Problems sind die Bedingungen drastisch verändert: Das Boot hat nur einen begrenzten Treibstoffvorrat, der nicht ausreicht, den Weg zur Küste mit Hilfe der Antwort auf die vorige Frage, d. h. „im ungünstigsten Falle" zu finden. Er würde aber reichen, wenn man sofort den richtigen oder einen annähernd richtigen Kurs einschlägt. Wie verhält man sich in diesem Falle am besten? D. h., welchen Kurs soll man einschlagen, damit die Wahrscheinlichkeit möglichst groß wird, Land zu erreichen, bevor der Tank leer ist?

Verkalkuliert sich der Steuermann bei der Lösung dieses Problems, so wird er sich, wenn er erst einmal aus dem Nebel heraus ist, einsam und weit draußen auf See finden. Wir wollen hoffen, daß dann wenigstens sofort eine Suchaktion eingeleitet wird. Dabei bekommen wir es gleich mit einem neuen Problem zu tun. *Philip M. Morse,* der Direktor des Rechenzentrums am Massachusetts Institute of Technology, hat die Schwierigkeiten des „fundamentalen Suchproblems" – wie er das nennt – für Schiffe, die auf See verlorengehen, eindrucksvoll beschrieben:

„Wir wissen vielleicht etwas über die ungefähre Position des Schiffes und seinen Kurs, das als Wahrscheinlichkeitsverteilung ausgedrückt werden kann – z. B. daß es wahrscheinlich eher hier ist als dort. Wir möchten unsere Suchleistung – die Suchstreifen unserer Flugzeuge – so verteilen, daß wir das Schiff mit dem kleinsten möglichen Aufwand – der geringsten Anzahl von Flugstunden – entdecken. Oder wir versuchen, unsere Chancen zu maximieren, daß wir das Schiff bei einer vorgegebenen Suchkapazität entdecken. Geometrisch gesehen handelt es sich um die Frage, wie man ein Band – das den Suchstreifen des Flugzeugs mit seinem Sichtbereich repräsentiert – so auf der Oberfläche der See abwickelt, daß es die wahrscheinlichsten Positionen des gesuchten Objekts bedeckt.

Ich glaube, man wird zugeben, daß es sich hier um kein einfaches Problem handelt, und einsehen, daß die klassische Variationsrechnung zu seiner Lösung wenig beizutragen hat. Wir bekommen es dabei mit uns nichtvertrauten Randbedingungen zu tun. Ein wesentlicher Teil des Problems ist die Kontinuität des Suchstreifens – das Flugzeug muß eine kontinuierliche Flugbahn einhalten. Es ist nicht klar, ob die beiden von mir erwähnten Probleme – die Entdeckung des Objekts mit dem geringstmöglichen Aufwand und die optimale Entdeckungschance für eine gegebene Suchstreifenlänge – immer auf dasselbe hinauskommen. Wenn es bei der geschätzten Verteilung der wahrscheinlichen Positionen des gesuchten Objekts mehrere Gipfel gibt – Regionen, in denen sich das Objekt mit erheblich größerer Wahrscheinlichkeit befindet als in anderen – ist nicht einmal ausgemacht, ob es immer eine eindeutige Lösung gibt. Nimmt man außerdem noch Abschätzungen für die wahrscheinliche Bewegung des Zielobjekts hinzu, so gibt es praktisch keine Algorithmen, die zu brauchbaren Lösungen führen."

☐

Weil wir gerade von Booten sprechen, wollen wir hier noch auf ein ganz andersartiges Problem eingehen, das mit dem Segelsport zu tun hat.

Die Regeln der internationalen Vereinigung für Starbootrennen (*International Star Class Yacht Racing Association*) legen fest, daß man eine Serie von Wettfahrten bewertet, indem man für jedes Boot die Punkte zusammenzählt, die es insgesamt gewonnen hat. Jedes Boot erhält bei jeder

Wettfahrt einen Punkt für das Erreichen des Ziels und einen weiteren Punkt für jedes von ihm geschlagene andere Boot. Ein Unentschieden soll zugunsten des Bootes aufgehoben werden, das das andere am häufigsten geschlagen hat. Wir nehmen an, daß es keine toten Rennen gibt, bei dem die Boote gleichzeitig durchs Ziel gehen. Unter welchen Bedingungen kann es zu einem n-fachen, unaufhebbaren Unentschieden in einer Serie von r Wettfahrten mit m Booten kommen?

Unaufhebbar ist ein Unentschieden, wenn sich auch bei Anwendung der eben zitierten Regel nichts an ihm ändert. Ein Beispiel: In einer Serie von drei Wettfahrten schlägt A zweimal B, B schlägt zweimal C; C schlägt zweimal A; jedes der drei Boote erringt die gleiche Punktzahl. Das ist durchaus möglich und in den letzten Jahren tatsächlich mehrmals vorgekommen.

1. Ist $n = r$, kann es immer zu einem unaufhebbaren Unentschieden kommen, vorausgesetzt, daß wenigstens n Boote an den Wettfahrten teilnehmen. Man nehme die Reihenfolge, in der n Boote bei der ersten Wettfahrt durchs Ziel gehen, und lasse bei der folgenden jedes zyklisch um einen Platz vorrücken (so daß das erste Boot den letzten Platz erhält). Wiederholt man dieses Verfahren bei jeder Wettfahrt, kommt man zu einem n-fachen unaufhebbaren Unentschieden.

2. Ist $r = 2$, kann es immer zu einem höchstens m-fachen unaufhebbaren Unentschieden kommen: wenn man nämlich bei der zweiten Wettfahrt die Reihenfolge des Zieldurchgangs einfach umkehrt.

Beide Beispiele illustrieren ein *symmetrisches* Unentschieden, bei dem jedes der punktgleichen Boote jedes andere punktgleiche Boot gleich oft schlägt. Es ist aber auch durchaus möglich, daß es zu einem *asymmetrischen* Unentschieden kommt, vorausgesetzt, daß hinreichend viele nicht punktgleiche Boote im Rennen sind. Beispiel 3 zeigt ein dreifaches asymmetrisches Unentschieden in einer Serie von fünf Wettfahrten mit fünf oder mehr Booten. A schlägt B viermal; B schlägt C dreimal, und C schlägt A dreimal. Das Unentschieden wird nicht zugunsten von A aufgehoben, weil es nach der Regel von C geschlagen worden ist.

3. Punkte pro Wettfahrt						Gesamtwertung
A:	3	3	2	2	1	11
B:	2	2	1	1	5	11
C:	1	1	3	3	3	11

Es sieht so aus, als ob wenigstens fünf Boote im Rennen sein müßten, damit
B sein Defizit von mindestens vier Niederlagen ausgleichen kann; aber nicht
einmal das ist bewiesen. Vielleicht ist es möglich, schon mit vier Booten ein
passendes Arrangement zu finden. Jedenfalls genügen vier Boote bei sieben
Wettfahrten:

4. Punkte pro Wettfahrt							Gesamtwertung
$A:$	3	3	3	2	2	1	1	15
$B:$	2	2	2	1	1	4	3	15
$C:$	1	1	1	3	4	3	2	15

Wenn r zusammengesetzt ist (6, 9, usw.), kann man die Serie in ihre Primfaktoren zerlegen, um einen Teil der Antwort zu erhalten. Z. B. kann man
bei neun Wettfahrten ohne zusätzliche Boote zu einem dreifachen Unentschieden kommen, weil jedes der drei Boote den Zyklus von Beispiel 1 noch
zweimal wiederholen könnte. In der Praxis gibt es bei Regatten, die nach
diesem System bewertet werden, selten mehr als sieben Wettfahrten, so
daß das Interesse an dem Problem für größere Werte von r rein theoretisch
wird.

Ein ähnliches Problem tritt auf, wenn man den Plan für eines der *round-
robin tournament* genannten Bridgeturniere entwirft. *J. E. Freund* hat eine
„einfache Methode, *round-robin*-Pläne für jede beliebige Anzahl von
Mannschaften zu konstruieren" gefunden. Das Problem wird jedoch kompli-
zierter, wenn man noch eine Zusatzbedingung einführt. Nehmen wir an,
eine Partnerschaft sei als ein Paar definiert, das aus einem Mann und einer
Frau besteht. Können zwei Mannschaften mit acht Partnerschaften an acht
Bridgetischen so spielen, daß bei jeder Partie jede Person mit neuen Gegnern
und einem neuen Partner spielt? Diese Komplikation wird von *Freund*
nicht berücksichtigt.

□

Ein Handelsreisender will von Washington aus die Hauptstädte sämtlicher
amerikanischer Bundesstaaten besuchen und anschließend wieder nach
Washington zurückkehren. Welche Route muß er wählen, wenn die Reise
so kurz wie möglich werden soll? Man könnte meinen, daß es das beste
wäre, das Problem zur Eingabe in einen Computer zu programmieren. Die

Maschine würde dann die Länge sämtlicher möglicher Reiserouten berechnen und einfach die kürzeste wählen.

Aber selbst wenn man die Reise auf das geschlossene Hauptgebiet der Vereinigten Staaten beschränkt, gibt es noch 48! (d. h.: 48 x 47 x 46 x ... x 2 x 1) mögliche Routen, und jede von ihnen einzeln zu berechnen, wäre selbst für einen leistungsstarken Computer zuviel. Es gibt noch keine allgemeine Methode, das Problem des Handelsreisenden für eine beliebige, willkürlich über die Landkarte verteilte Anzahl von Städten zu lösen, obgleich „eine ganze Menge Mathematiker seit über zwanzig Jahren sich mit diesem Problem beschäftigt hat".

□

Der Entwurf eines elektrischen Schaltschemas kann durch eine spezielle Art einfacher mathematischer Gleichungen besonders elegant dargestellt werden. Die dazu erforderliche Boolesche Algebra wird in dem in den Anmerkungen genannten Aufsatz gut erklärt. Um welche Art von Problemen es sich handelt, kann man am folgenden Beispiel erläutern: Wir wollen ein Schema entwerfen, das den Eingang T_1 mit dem Ausgang T_2 verbindet. A soll alle Schalter des Typs a bezeichnen, B alle Schalter des Typs b, usf. Es soll Strom fließen, wenn D eingeschaltet ist, vorausgesetzt, daß auch wenigstens ein A, B oder C eingeschaltet ist. Ferner soll der Strom fließen, wenn D ausgeschaltet ist, dafür aber *sämtliche* A, B und C eingeschaltet sind. In allen übrigen Fällen soll kein Strom fließen.

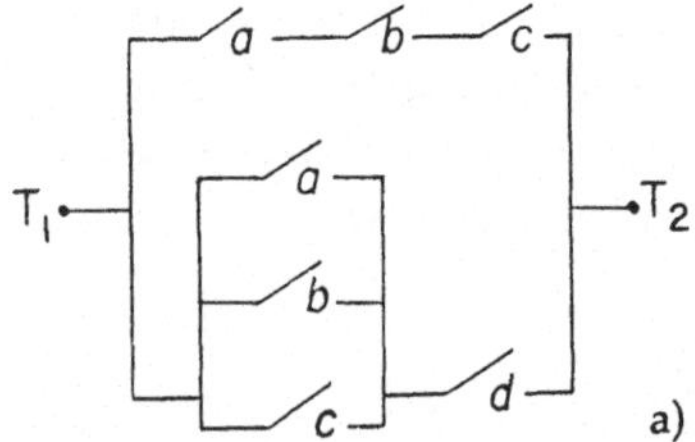

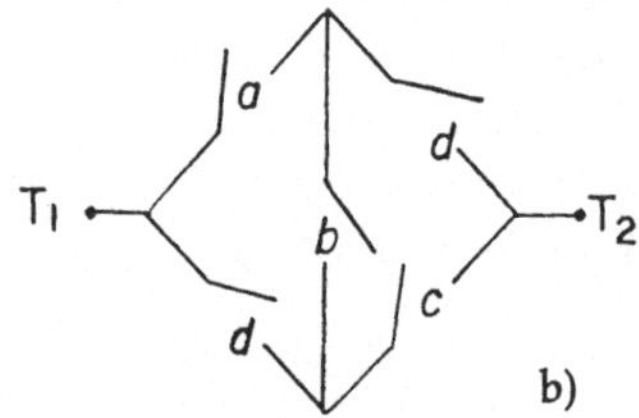

Bild 7

Eine Möglichkeit, ein solches Netzwerk zu konstruieren, zeigt Bild 7a. Unsere Forderungen werden jedoch auch von der sogenannten Brückenschaltung in Bild 7b erfüllt, in der es zwei Schaltstellen weniger gibt. Abgesehen von der Materialeinsparung hat ein solches Schaltschema auch noch andere praktische Vorteile. Das Problem, ein minimales bzw. ökonomisches Netzwerk zu finden, bringt viele bisher unbeantwortete Fragen mit sich, z. B.:

1. Gibt es ein allgemeines Verfahren, Schaltschemata zu entwerfen, die gegebene Bedingungen mit einem Minimum an Schaltstellen erfüllen? Zur Zeit gibt es – außer bloßem Probieren – kein Verfahren, das zeigt, ob man ein Schaltschema gefunden hat, das nicht weiter verbessert werden kann.

2. Die gleiche Frage, aber ausschließlich für reihenparallele Systeme gestellt (ohne Brückenschaltungen).

3. Die gleiche Frage für den Fall, wo es gewisse Ein-Aus-Kombinationen gibt, die beim Gebrauch des Netzwerks nie verwendet werden.

4. Kann man irgendwie voraussagen, ob ein Minimalschema für ein bestimmtes Problem nur Brückenschaltungen, nur Reihenschaltungen, oder beide Typen verwenden wird?

☐

Eine bemerkenswerte Entdeckung der Informationstheorie ist der Satz von *Shannon*, der im wesentlichen besagt, daß die effektive Kapazität eines Empfängers mit der Menge der gesendeten Nachrichten ansteigt, auch wenn das „Rauschen" (Störungen, Übertragungsfehler, usw.) ebenfalls zunimmt. Wäre man unbefangen, würde man vielleicht vermuten, daß bei einem unbegrenzten Ansteigen der Übermittlungsanstrengungen (und des Rauschens) der Empfang konstant bleibt oder sogar abnimmt. Es hat sich aber herausgestellt, daß es nicht so ist.

Um dies zu verstehen, stellen wir uns einmal vor, wir müßten jemand am anderen Ufer eines Flusses eine Nachricht zurufen, und der Fluß wäre so breit, daß drüben nur einzelne Wortfetzen zu hören sind. Eine Methode, den Empfang zu verbessern, bestünde darin, das Gesagte pausenlos zu wiederholen. Die Zuverlässigkeit der Übertragung würde dabei ansteigen, weil der Mann am anderen Ufer die Fehler der einzelnen Übertragungen untereinander ausgleichen und zu einem immer besseren Bild der ursprünglichen Nachricht kommen könnte. Die Übertragungs*rate* jedoch würde bei diesem Verfahren drastisch sinken, weil der „Kanal" zu lange mit jeweils einer Nachricht besetzt wäre. Ein anderes Verfahren, die Kapazität des Systems zu verbessern, wäre das folgende: Angenommen, wir finden zehn Ehepaare, von denen jedes eine andere Nationalität besitzt und nur eine einzige Sprache spricht. D. h., Herr und Frau *A* sprechen nur Andalusisch, Herr und Frau *B* nur Bratislawisch, usw. Nun stellt man die Männer auf der einen Seite des Flusses auf und die Frauen auf der anderen. Alle Männer rufen die Nachricht gleichzeitig einmal hinüber, jeder in seiner eigenen Sprache. Jede Frau versucht, trotz des Lärms soviel von der Nachricht ihres Mannes zu verstehen, wie sie kann. *Shannons* Satz besagt, daß auf diese Weise in einem Empfangszentrum auf der anderen Seite mehr von der Nachricht rekonstruiert werden könnte als wenn nur in einer Sprache gerufen würde, und daß das Resultat noch besser werden würde, wenn zwanzig Sender und Empfänger auf diese Weise arbeiteten.

Es ist den Rundfunkanstalten noch nicht gelungen, den Shannonschen Satz in der Praxis anzuwenden. D. h., er muß bei der Konstruktion von Leitungen, Sendern, Codes usw. technisch erst noch realisiert werden. Die ökonomische Bedeutung dieses Problems liegt bei den gegenwärtig ständig überlasteten Nachrichtenverbindungen auf der Hand.

□

Trotz energischer Anstrengungen vieler großer Mathematiker der letzten beiden Jahrhunderte ist es noch niemandem gelungen, eine befriedigende theoretische Formulierung für die Bewegungen des Mondes zu finden. Die Schwierigkeit des Problems hat dazu geführt, daß man es praktisch aufgegeben hat. Die Astronomen begnügen sich mit Berechnungsverfahren, mit deren Hilfe man über einen begrenzten Zeitraum präzise Voraussagen machen kann. Aber das Problem hat für die Berechnung der Umlaufbahnen künstlicher Erdsatelliten erneut an Bedeutung gewonnen. Es ist auch für diesen Fall noch ungelöst und dürfte in Zukunft wieder erhöhte Beachtung finden.

□

Beträge, die man beim Postspardienst der Vereinigten Staaten (*U. S. Postal Savings*) einzahlt, werden mit $1/2$ % pro Quartal verzinst, wobei vom ersten des auf die Einzahlung folgenden Monats an gerechnet wird. Es gibt keinen Zinseszins, und die Zinsen werden erst gezahlt, wenn die Spareinlage abgehoben wird. Wir wollen die vereinfachende Annahme machen, daß Einzahlungen und Abhebungen in beliebiger Höhe zugelassen sind. Die Frage ist dann: welches ist der günstigste Rhythmus für das Abheben und Wiedereinzahlen eines Anfangsbetrages A, wenn Einlage und Zinsen am Ende von n Monaten endgültig abgehoben werden sollen?

□

Wer immer die Gebührenordnung für die Paketpost der Vereinigten Staaten (*U. S. parcel post or fourth-class mail rates*) erfunden hat, kann das eigentlich nur nach einer Nacht voller böser Träume getan haben. Die Tabelle hat auf den ersten Blick weder Sinn noch Verstand. *Robert E. Gaskell*, ein angewandter Mathematiker, hat ein amüsantes Problem formuliert, das für die Praxis allerdings wenig Nutzen hat: Gibt es eine Formel, die die über den Daumen gepeilten Gebührensätze beschreibt oder wenigstens approximiert? Er hat mir eine Formel für 1959 gegeben, die allerdings inzwischen längst überholt ist, weil sich die Postgebühren so häufig ändern. Er behauptete, daß sie damals die Gebühren für jedes nicht unvernünftig große Paket mit einem Fehler von nicht mehr als einem Prozent wiedergab. N ist die Kennzahl für die Gebührenzone, w ist das Gewicht (auf das nächste – amerikanische – Pfund abgerundet), und C sind die Gebühren in Cents.

$$C = \frac{48 + 9\,n - n^2 + w\,(n^2 - n + 16)}{4}$$

Falls jemand seine Mußestunden damit verbringen möchte, die Formel auf den neuesten Stand zu bringen oder eine bessere zu finden, werden hier die Gebührensätze der Paketpost nach dem *World Almanac* von 1962 wiedergegeben:

Zonenkennzahl:	Grundgebühr (1 bis 2 Pfund):	Gebühr für jedes weitere Pfund:
Ortsverkehr	24 Cents	2 Cents
1,2	33 Cents	5 Cents bis zu 10 Pfund, darüber hinaus: 4 Cents.
3	35 Cents	6 Cents bis zu 15 Pfund, darüber hinaus: 5 Cents.
4	39 Cents	8 Cents bis zu 5 Pfund, 7 Cents für 6 bis 50 Pfund, darüber hinaus: 6 Cents.
5	45 Cents	10 Cents bis zu 20 Pfund, 21 bis 50 Pfund: 9 Cents, darüber hinaus: 8 Cents.

Zonenkennzahl:	Grundgebühr (1 bis 2 Pfund):	Gebühr für jedes weitere Pfund:
6	51 Cents	13 Cents bis zu 10 Pfund, 11 bis 30 Pfund: 12 Cents, darüber hinaus: 11 Cents.
7	58 Cents	16 Cents bis zu 15 Pfund, 16 bis 30 Pfund: 15 Cents, 31 bis 50 Pfund: 14 Cents, darüber hinaus: 13 Cents.
8	64 Cents	19 Cents bis zu 10 Pfund, 11 bis 30 Pfund: 18 Cents, 31 bis 40 Pfund: 17 Cents, darüber hinaus: 16 Cents.

Dabei handelt es sich ausschließlich um die Inlandsgebühren. Ich wage nicht daran zu denken, was geschehen würde, wenn auch die Auslandsgebühren mit der Formel erfaßt werden sollten.

□

Früher, als an den amerikanischen Colleges das System der *fraternities* genannten Studentenverbindungen florierte, war es üblich, jede *fraternity* mehr oder weniger frei entscheiden zu lassen, welche neuen Mitglieder sie aufnehmen wollte. Es gab bestimmte „Keilregeln" (*codes of rushing*), aber gewisse Ungerechtigkeiten ließen sich bei der Auswahl nicht vermeiden. Viele junge Studenten hatten niemals die Chance, Mitglied einer *fraternity* zu werden. Bei einem Versuch, das System zu modernisieren, haben verschiedene Colleges vor einiger Zeit Pläne für eine unbeschränkte Option (*total opportunity schemes*) eingeführt. Jeder Student hat danach Gelegenheit, einer *fraternity* beizutreten. Die *fraternities* mustern die vorhandenen Kandidaten und umgekehrt. Anschließend reicht jede *fraternity* eine Namensliste ein, und jeder Student eine Rangliste der von ihm bevorzugten Verbindungen. Ein zentrales Auswahlkomitee sammelt die Listen. Das „Keilen" geht dann nach einer höchst komplizierten und starren Prozedur vonstatten, die zu einem Maximum an günstigen Placierungen und zu einem Minimum von Enttäuschungen führen soll. Es leuchtet ein, daß bei dem Entwurf eines solchen Systems einige ziemlich komplizierte mathematischen Prozeduren in Anspruch genommen werden müssen. Selbst wenn man von menschlichen Schwächen wie dem Wankelmut absieht, bleibt ein theoretischer Teil des Problems übrig, der keineswegs vollständig gelöst ist.

Fast das gleiche Problem stellt sich den Zulassungsausschüssen der Colleges, wenn eine optimale Auswahl unter den Bewerbern getroffen werden soll, die sich um die Zulassung zum Studium bemühen. Bis heute gibt es kein zentrales Zulassungsgremium und auch keinen auf nationaler Ebene funktionierenden Koordinierungsausschuß. Zum Teil liegt das daran, daß noch niemand eine überzeugende mathematische Lösung des Problems vorgelegt hat. Erst ganz kürzlich sind Ansätze gefunden worden, die darauf hinzudeuten scheinen, daß eine realistische Lösung keineswegs unerreichbar ist.

3. Spielprobleme

Die mathematische Struktur mancher Spiele führt zu interessanten Problemen. Wir wollen einige davon betrachten und am Ende dieses Kapitels kurz auf das als *Spieltheorie* bezeichnete neue Gebiet der Mathematik eingehen.

Stanislav M. Ulam, dessen Probleme gewöhnlich um einige Grade schwieriger sind als vergleichbare anderer Autoren, hat die folgende harte Nuß für Bridgespieler erfunden: Kann es zu einer Verteilung der Karten kommen, bei der

1. Nord und Süd in jeder Farbe, die Trumpf ist, gegen beliebige Verteidigung einen *Großschlemm* („sieben ohne") erzielen,

2. bei guter Verteidigung jedoch nur fünf *sans atouts* („fünf ohne") erreichen?

Ulam meint, daß sie es in jedem Fall auf mindestens fünf Stiche (d. h. auf elf Stiche im ganzen) bringen können. Die Frage ist: Erreichen sie in jedem Falle wenigstens sechs Stiche? Er hat eine Kartenverteilung mit der Eigenschaft 1 gefunden, bei der sie jedenfalls keine sieben Stiche erhalten können.

☐

Das folgende Schachproblem nannte mir *Martin Gardner*, der mir dazu sagte, daß es beliebt und alt, aber immer noch ungelöst ist: Man nehme die 16 schwarzen Figuren, lege die 8 Bauern weg und verteile die übrigen so auf dem Brett, daß jedes Feld, einschließlich der besetzten, von wenigstens einer Figur bedroht wird. Die beiden Läufer müssen dabei selbstverständlich auf verschiedenen Farben stehen. Es ist nicht schwierig, 63 Felder zu bedrohen; ob aber alle 64 auf diese Weise „gedeckt" werden können, ist unbekannt.

☐

Beim nächsten Problem handelt es sich um ein Paradoxon.

Ein Schuldirektor verkündete, daß er an einem der Tage der folgenden Woche, also irgendwann zwischen Montag und Sonnabend (einschließlich), überraschend eine Klassenarbeit schreiben lassen würde. Der genaue Tag blieb geheim, weil die Schüler sonst womöglich in der Nacht davor pauken würden. Das aber wollte der Direktor verhindern. Um Sportsgeist zu zeigen, versprach er darüber hinaus (und wir dürfen annehmen, daß das Wort eines Direktors bindend ist), die Arbeit ausfallen zu lassen, wenn ihm eines Morgens einer der Schüler mit einer vernünftigen Begründung sagen könnte, daß heute der betreffende Tag wäre. Außerdem wäre die Arbeit dann ja auch keine Überraschung mehr.

Die Schüler brüteten während des Wochenendes über dem Problem und hatten einen brillanten Einfall, den Albert am Montagmorgen dem Direktor vortragen sollte.

„Herr Direktor", sagte Albert, „es freut mich, daß ich Ihnen mitteilen kann – das heißt, daß ich fürchte, die Arbeit muß ausfallen."

„So?"

„Würden Sie zugeben, daß die Arbeit nicht mehr überraschend kommt, wenn sie auf den Sonnabend gelegt wird? Hätten wir sie bis dahin noch nicht geschrieben, würden wir am Sonnabendmorgen alle wissen: Heute kommt sie. Einer von uns würde es Ihnen sagen, und sie müßten sie ausfallen lassen."

„Stimmt! Sonnabend kommt also nicht in Frage."

„Können wir den Sonnabend also streichen?"

Widerwillig – weil er sah, wie es weitergehen würde – stimmte der Direktor zu.

„Schön," sagte Albert. „Die Woche fängt damit also praktisch am Montag an und hört am Freitag auf. Aber eben weil wir die Arbeit am Sonnabend nicht schreiben können, fällt auch der Freitag aus. Denn wenn die Arbeit am Freitag noch nicht geschrieben wäre, wüßten wir, daß es nun soweit ist. Sie käme also wieder nicht überraschend und müßte deshalb ausfallen. Wir müssen also auch den Freitag streichen."

„Schon gut," sagte der Direktor irritiert, „Du brauchst nicht weiterzureden. Ich sehe schon, daß das Argument für jeden Tag der Woche gilt. Es sieht so aus, als ob wir überhaupt keine Überraschungsarbeit schreiben können."

Und Albert berichtete seinen Kameraden triumphierend, daß die Sache genauso ausgegangen war, wie sie es sich gedacht hatten.

Das Paradoxe dabei ist nun dies: Die Logik des Arguments, das wir eben gehört haben, scheint zwar unangreifbar zu sein. Aber was hindert den Direktor daran, ganz willkürlich im voraus einen Tag zu wählen, den er

niemandem verrät? Nehmen wir an, er wählte den Mittwoch. Woher sollten
die Schüler am Mittwochmorgen wissen, daß an diesem Tag die Arbeit
geschrieben werden soll? Wären damit nicht alle Voraussetzungen für eine
echte Überraschung erfüllt? Es ist noch keine Erklärung gefunden worden,
die den Widerspruch zwischen diesen beiden Gedankengängen aufheben
würde, obgleich mehr als eine gelehrte Abhandlung darüber geschrieben
worden ist.

□

Ein lateinisches Quadrat – oder vollständiger: ein griechisch-lateinisches
Quadrat – war ursprünglich ein quadratisches Schema, das aus griechischen
und lateinischen Buchstaben gebildet wurde. Man kann zwei ganz beliebige
Mengen von n Objekten – etwa Buchstaben und Zahlen nehmen – und aus
ihnen ein quadratisches Schema mit $n \times n$ Rubriken bilden. In jeder Rubrik
steht ein Buchstabe und eine Zahl. Keines von beiden darf jedoch zweimal
in der gleichen Zeile oder der gleichen Spalte auftreten. Außerdem darf jede
Zahl nur einmal mit jedem Buchstaben kombiniert werden. Bild 8 zeigt ein
lateinisches Quadrat der Ordnung 3.

A 1	B 2	C 3
B 3	C 1	A 2
C 2	A 3	B 1

Bild 8

Leonhard Euler hat bewiesen, daß lateinische Quadrate jeder beliebigen
ungeraden Ordnung gebildet werden können, und ebenso alle Quadrate
einer durch 4 teilbaren geraden Ordnung. Er vermutete, daß es keine lateinischen Quadrate mit einer nicht durch 4 teilbaren geraden Ordnung (6, 10,
14, usw.) gebe. Es hat sich bestätigt, daß man solche Quadrate für 2 und 6
nicht konstruieren kann, alle anderen aber – das wurde erst 1959 bewiesen –
sind theoretisch möglich; und ein Quadrat der Ordnung 10 ist tatsächlich
konstruiert worden.

Statt einer Zahl und eines Buchstabens in jeder Rubrik können wir Kombinationen aus zwei Zahlen verwenden. 47 bedeutet bei diesem Verfahren also nicht siebenundvierzig sondern: das Objekt Nummer 4 aus der ersten Menge und das Objekt Nummer 7 aus der zweiten Menge. Das in Bild 9 gezeigte lateinische Quadrat der Ordnung 10 ist von *E. T. Parker* konstruiert worden, einem der Mathematiker, die zuerst seine Möglichkeit bewiesen haben.

00	47	18	76	29	93	85	34	61	52
86	11	57	28	70	39	94	45	02	63
95	80	22	67	38	71	49	56	13	04
59	96	81	33	07	48	72	60	24	15
73	69	90	82	44	17	58	01	35	26
68	74	09	91	83	55	27	12	46	30
37	08	75	19	92	84	66	23	50	41
14	25	36	40	51	62	03	77	88	99
21	32	43	54	65	06	10	89	97	78
42	53	64	05	16	20	31	98	79	87

Bild 9

Interessant dabei ist, daß die neun Felder in der rechten unteren Ecke ein kleines lateinisches Quadrat der Ordnung 3 (bei doppelter Verwendung der Symbolmenge (7, 8, 9)) bilden. Alle lateinischen Quadrate der Ordnung 10, die bis jetzt konstruiert worden sind, haben die Eigenschaft, daß sie ein Unterquadrat der Ordnung 3 enthalten. Warum das so ist, oder ob das immer so ist, ist unbekannt.

Während der letzten Jahre ist die Theorie der sogenannten *Polyominos* ins Gespräch gekommen. Ein Polyomino ist eine Fläche, die sich aus einer bestimmten Anzahl von Quadraten, die an einer oder mehreren Seiten miteinander verbunden sind, zusammensetzt. Man kann sie natürlich aus Pappe,

Sperrholz, oder was immer man gerade hat, ausschneiden. Bild 10 zeigt ein Tetromino, Bild 11 zwei Pentominos. Es gibt natürlich noch alle möglichen anderen Figuren dieser Art.

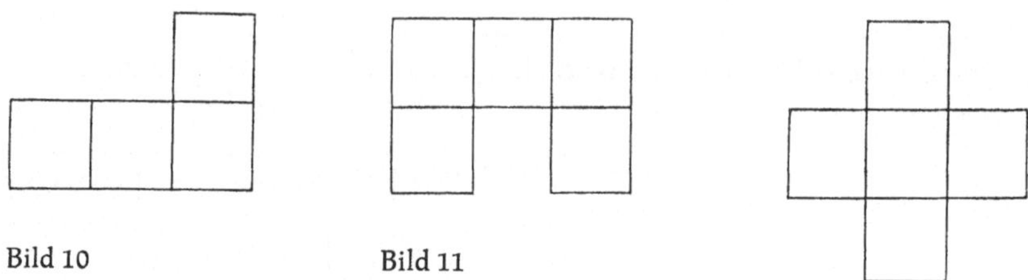

Bild 10   Bild 11

Das Spiel, aus diesen Polyominos Figuren zusammenzusetzen, führt zu allerlei schwierigen Problemen. Es gibt z. B. zwölf verschiedene Pentominos. Stellen wir uns vor, jemand möchte einen kompletten Satz von Pentominos aus einem einzigen Stück Sperrholz anfertigen, hat aber eine Säge, mit der man nicht um Ecken schneiden kann. Wie groß ist das kleinste Sperrholzrechteck, mit dem er auskommen wird? Es ist bekannt, daß ein Stück mit den Maßen 6×13 ausreicht. Dabei werden aber achtzehn Quadrateinheiten verschwendet, weil man für zwölf Pentominos nur sechzig Quadrate braucht. Gibt es unter den gegebenen Bedingungen eine günstigere Lösung, die Schnitte zu legen?

Man weiß, es gibt 12 Pentominos, 35 verschiedene Hexominos und 108 verschiedene Septominos. Es ist aber noch niemandem gelungen, eine Formel zu finden, die die Anzahl der n-ominos allgemein als Funktion von n ausdrückt.

Nun ein scheinbar harmloses Programmierungsproblem, das zu stundenlangen Überlegungen führen kann! Welches ist die längste endliche Folge von Einsen, die mit Hilfe von drei Programmkarten mit je drei Befehlen ausgedruckt werden kann? Diese Befehle geben an, was in drei möglichen Fällen geschehen soll, und wann man zur nächsten Programmkarte übergehen hat. Außerdem muß – damit die Folge endlich bleibt – an irgendeiner Stelle ein Stop-Befehl auftauchen.

Betrachten wir die Karte 1 in Bild 12! Die oberste Reihe besagt: An einer Leerstelle (B) drucke eine Eins, rücke eine Stelle nach rechts vor und gehe für weitere Befehle zu Karte 2 über. In der zweiten Zeile heißt es: Wo eine

Null (0) steht, soll sie gelöscht und an ihrer Stelle eine 1 gedruckt werden, danach soll man um eine Stelle nach links rücken und für weitere Befehle zu Karte 3 übergehen. Die dritte Zeile gibt uns nur die Anweisung, dort, wo wir eine Eins (1) finden, eine Leerstelle zu drucken (d. h. die Eins zu löschen und nichts an ihre Stelle zu setzen), eine Stelle nach rechts zu rücken und die weiteren Befehle auf Karte 2 zu suchen.

	Card 1		Card 2		Card 3
B	1–R–2	B	1–L–2	B	1–L–3
0	1–L–3	0	1–L–1	0	1–L–3
1	B–R–2	1	0–R–1	1	1–R–STOP

Bild 12

Nehmen wir nun an, wir geben unserer „Maschine" die drei Karten von Bild 12 ein, und sie „liest" zunächst die Karte 1. Es ist keine Ausgabe vorgegeben; alle Felder unseres Ausgabestreifens sind also leer und der Befehl für den Fall B tritt in Kraft, d. h. die Maschine druckt eine 1, rückt eine Stelle nach rechts vor und geht für den nächsten Befehl zu Karte 2 über. Unsere Ausgabe sieht jetzt so aus:

		1									

(Wir haben dabei absichtlich die ersten Felder freigelassen, für den Fall, daß ein Befehl kommt, bei dem wir nach links rücken müssen.)

Das Feld rechts von der 1 ist wiederum leer. Der Befehl von Karte 2 für diesen Fall sagt, daß wir eine Eins drucken, eine Stelle nach links rücken und weiter den Befehlen von Karte 2 folgen sollen:

		1	1								

Für den Fall 1 heißt es auf ihr: Die Eins löschen, eine Null drucken, nach rechts rücken und weitere Befehle auf Karte 1 suchen. Wir wollen hier jedoch alle vorgenommenen Operationen registrieren, radieren die Eins also nicht aus, sondern streichen sie nur durch und schreiben die neue Null darunter:

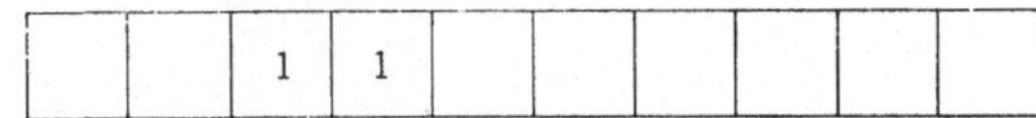

Karte 1 gibt die Anweisung: Eins löschen, nach rechts rücken und weitere
Befehle auf Karte 2 suchen:

		~~1~~	~~1~~					
		0						

Jeder von uns kann jetzt die weiteren Schritte dieser Prozedur selber konstruieren. Er wird dabei schließlich auf den Stop-Befehl der letzten Zeile
von Karte 3 stoßen. Wie die endgültige Ausgabe aussieht, kann man den
untersten Feldern in jeder Spalte des folgenden Schemas entnehmen:

	~~1~~	~~1~~	~~1~~	~~1~~	~~1~~	~~1~~	1		
	1	~~0~~	~~1~~	~~0~~	~~0~~	1			
		~~1~~	1	1	1				
		~~0~~							
		1							

Ursprünglich hat es sich hier um das Problem gehandelt, ein Programm zu
entwerfen, das die längste mögliche Folge von Einsen liefert. *Tibor Rado*,
der Erfinder des Spiels, möchte gerne wissen, ob es ein Dreikartenprogramm
dieses Typs gibt, bei dem eine Kette von mehr als sieben Einsen erzeugt
wird. Über die theoretischen Zusammenhänge dieses Problems ist kaum
etwas bekannt. Es ist ebenso interessant wie intraktabel und wahrscheinlich
von fundamentaler mathematischer Bedeutung.

□

Das sogenannte Kugelproblem ist ein Wägungsproblem, das in Mathe-
matikerkreisen die Runde gemacht hat: Gegeben seien n Kugeln, von denen
wir wissen, daß keine zwei die gleiche Masse haben. Man soll sie nach der
Masse ordnen, indem man sie paarweise (ohne Verwendung von Gewichts-
stücken) auf einer Apothekerwaage wiegt. Welches ist die kleinste Anzahl
von Wägungen – als Funktion von n ausgedrückt –, die dafür ausreicht?
Welche Strategie bzw. Prozedur soll man verfolgen, um dieses Minimum zu
erreichen? Einige Zufallssortierungen werden sich schneller ordnen lassen
als andere. Wird die beste Strategie automatisch die *erwartete* Anzahl von

Wägungen minimieren, wenn die ursprüngliche Anordnung der Kugeln rein zufallsbedingt ist?

„Die Spieltheorie ist eine Methode der Konfliktanalyse, der folgende Abstraktion zugrunde liegt: Es handelt sich bei dem Konflikt um eine Situation, bei der sich zwei Interessengruppen gegenüberstehen, und die man als ein Spiel zwischen zwei Spielern betrachten kann, von denen jeder eine Interessengruppe vertritt. Jedem Spieler steht eine endliche Menge von Strategien zur Verfügung, von denen er für jede Partie des Spiels eine auswählen kann. Der Gesamteinsatz beider Spieler ist am Ende jeder Partie unverändert derselbe wie am Anfang." Natürlich wird ein Teil des Einsatzes den Besitzer gewechselt, der eine Spieler gewonnen und der andere verloren haben; aber von der Gesamtsumme hat sich nichts verflüchtigt oder ist als „Gewinn der Bank" aus dem Spiel gezogen worden. „Jeder Spieler strebt eine vorsichtige Spielweise an, die seinen Durchschnittsgewinn maximiert, und diese maximalen Durchschnittsgewinne, die man als den Wert des Spiels bezeichnet, sind berechenbar. Jeder Spieler kann durch richtiges Spielen sicherstellen, daß sein Gewinn den Wert des Spiels erreicht. Er muß nur die entsprechende Strategie wählen – und es gibt eine Methode, nach der man entscheiden kann, welche Strategie man wählen sollte."

Eine Strategie ist eine festgelegte Verfahrensweise, nach der ein Spieler seinen Gegner, die Natur, den Zufall, oder was sonst immer als sein „Gegenspieler" gelten mag, bekämpft. *John von Neumann*, der die Spieltheorie praktisch erfunden hat, hat die Theorie der endlichen Zwei-Personen-Nullsummenspiele auf gründlichste untersucht. In manchen Fällen gibt es keine einzige („*die*") beste Strategie; aber nach dem Hauptsatz *von Neumanns* gibt es für alle einfachen Zwei-Personen-Spiele eine optimale *gemischte* Strategie. D. h., man befolgt eine zeitlang eine Spielweise und später eine andere, in einem bestimmten, feststellbaren Mischungsverhältnis.

Die Spieltheorie ist ein neues und noch wenig erforschtes Gebiet mit zahlreichen Anwendungsmöglichkeiten. Es gibt hier noch eine Menge zu tun. Wir kennen zwar die Theorie der Zwei-Personen-Spiele, aber über n-Personenspiele (mit $n \geq 3$) wissen wir so gut wie gar nichts.

4. Geometrische Probleme

Es gibt in der reinen Geometrie eine große Klasse von Problemen, für die das folgende Beispiel ein typischer Repräsentant ist:

In einem Tetraeder $ABCD$ sei L der zweite Lemoine-Punkt, d. h. der Punkt, dessen Entfernungen von den Seitenebenen den Umkreisradien der betreffenden Seiten proportional sind. L', L'', L''' seien die harmonischen Konjugate von L bezüglich der Punkte, in denen die Geraden durch L die Kanten $\overline{BC}$ und $\overline{DA}$, $\overline{CA}$ und $\overline{DB}$, $\overline{AB}$ und $\overline{DC}$ schneiden. Zeige, daß das Tetraeder L, L', L'', L''' bezüglich der Kugel $ABCD$ selbstkonjugiert ist und daß die Polarebenen von L, L', L'', L''' bezüglich der Kugel $ABCD$ mit den Polarebenen der gleichen Punkte bezüglich des Tetraeders $ABCD$ koinzidieren.

Es würde großer Anstrengungen und einer ausführlichen Erläuterung bedürfen, um überhaupt erst einmal die Grundlagen für ein Verständnis dieses Problems zu schaffen. Es gibt noch einige Enthusiasten, die an dieser Art von reiner synthetischer Geometrie ihre Freude haben. Sieht man von ihnen ab, handelt es sich hier um einen Schlechtwettersport, der im neunzehnten Jahrhundert weitaus beliebter war als heutzutage.

Etwas anders sieht das folgende Problem aus: Man betrachte eine Parabel, deren Scheitelpunkt M sich auf einer gegebenen ebenen Kurve bewegt, und deren Brennpunkt F den Krümmungsradius $\overline{MC}$ in einem konstanten Verhältnis teilt. Die Parabel berührt ihre Enveloppe in M und noch zwei anderen endlichen Punkten. Die entsprechende Berührungssehne steht senkrecht auf der Geraden, die M mit dem Mittelpunkt des Krümmungsradius der Evolute der gegebenen Kurve im Punkt C verbindet. Wenn diese Berührungssehne $\overline{MF}$ in $\overline{D}$ schneidet, dann ist $\overline{DC} = \overline{MF}$.

Das Problem besteht darin, diese Aussagen zu beweisen. – Nach dem letzten dem Verfasser bekanntgewordenen Stand der Diskussion (1957) sind beide Probleme noch ungelöst.

Das zuletzt genannte Beispiel dürfte sich wahrscheinlich am besten mit analytischen Methoden in Angriff nehmen lassen, was dann auch den Einwand entkräften würde (sofern das ein Einwand ist), es handle sich ja bloß um „reine Geometrie". Aber der Leser wird zweifellos schon eine andere Schwäche dieser Problemstellungen gespürt haben: Es werden in beiden Fällen recht schwierige und komplexe Bedingungen beschrieben, die – wenn sie erfüllbar sind – zu einem extrem speziellen Resultat führen, das in keinem rechten Verhältnis zu dem ganzen kopflastigen Apparat von Voraussetzungen zu stehen scheint. Es ist zweifelhaft, ob ein solches Resultat erweitert oder verallgemeinert werden kann. Vielleicht ist es unfair, über ein Problem zu urteilen, bevor man es gelöst und dabei möglicherweise seine innere Schönheit entdeckt hat. Die Geschichte hat in vielen Fällen gezeigt, wie leichtfertig es ist, wenn man mathematische Leistungen vorschnell abtut. Aber wir wollen nun ohne weiteren Kommentar von diesen beiden Problemen zu anderen übergehen, die entweder den Vorteil größerer Einfachheit oder den Reiz größerer Allgemeinheit haben.

□

Die modernen Mathematiker, die auf dem Gebiet der Geometrie arbeiten, beschäftigen sich mit Fragen, von denen wir in der Schule nie etwas gehört haben, und deren Beantwortung ganz andere Methoden (und Schwierigkeitsgrade) mit sich bringt als die, die wir aus der klassischen Euklidischen Geometrie kennen.

Es kann vorkommen, daß man auf den ersten Blick gar nicht sieht, daß es sich hier um geometrische Probleme handelt.

Nehmen wir z. B. den Begriff der *kleinsten bedeckenden Fläche*, der zu einigen recht kitzligen Fragen führt. Es gibt da ein seit langem bekanntes Problem, das Lebesgue[1]) zugeschrieben wird: Welche Gestalt und Größe hat die kleinste Fläche, die eine beliebige Fläche oder Punktmenge in der Ebene bedeckt (in dem Sinne, in dem man etwas mit einem Stück Papier zudeckt), bei der der größte Abstand zwischen irgend zwei Punkten 1 beträgt? Die Abmessungen der bedeckten Figur können in keiner Richtung 1 überschreiten; die bedeckende Figur muß *jede beliebige* derartige Figur überdecken.

Man könnte es mit einem Kreis mit dem Durchmesser 1 versuchen; aber damit erreichen wir unser Ziel nicht. Bild 13 zeigt eine Fläche, die von drei Kreisbögen mit dem Radius 1 begrenzt wird, eine der *Kurven konstanter Breite*, die nicht selber Kreise sind. Die Entfernung zwischen irgend zwei ihrer Punkte wird niemals größer als 1. Aber der Kreis mit dem Durchmesser 1 bedeckt sie nicht vollständig. Die beste Näherungslösung, die wir bis heute haben, scheint die in Bild 14 gezeigte Fläche zu sein: Man beginnt mit

---

[1]) Das Lebesguesche „Tafelproblem". Vgl. Meschkowski, a. a. O. – Der Übersetzer.

dem unserem Einheitskreis umschriebenen Sechseck und schneidet die drei schraffierten Ecken ab. Die Informationen, die zu diesem Problem vorliegen, sind recht dürftig.

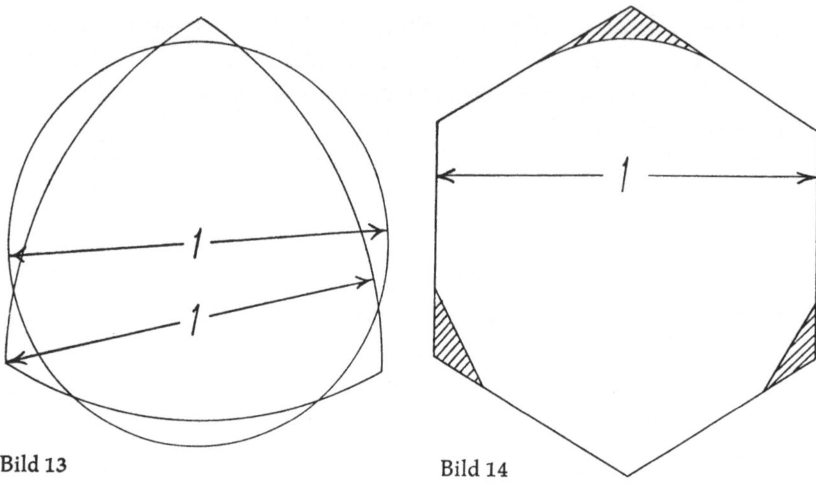

Bild 13

Bild 14

Leo Moser von der Universität Alberta hat noch eine weitere Frage über minimale Bedeckungsflächen formuliert: Gegeben sei eine beliebige Anzahl von Quadraten, deren Gesamtfläche 1 ist. Man kann diese Quadrate in der Ebene verschieben und so dicht wie möglich zusammenpacken. Überschneidungen sind jedoch nicht zulässig. Welches ist das kleinste Quadrat, das sie bedeckt, wenn man annimmt, daß sie unter den ungünstigsten möglichen Bedingungen – was Größe und Anzahl der einzelnen Quadrate betrifft – so dicht wie möglich gepackt sind? Das Problem hat seine Tücken, weil wir es mit drei Parametern zu tun haben: Anzahl der Quadrate, Größe jedes einzelnen Quadrats, Position der Quadrate. Die Gegebenheiten, an denen wir unsere Lösungsversuche kontrollieren können, sind: die Gesamtfläche ist 1; die Einzelfiguren sind Quadrate; die bedeckende Fläche ist ein Quadrat.

□

Den größten Abstand zwischen zwei Punkten einer ebenen Figur nennt man ihren *Durchmesser*. Welche ebene Figur hat bei gegebenem Umfang und gegebenem Durchmesser den kleinsten Flächeninhalt? Diese Frage gehört zur sogenannten Theorie der konvexen Körper, bei der man schon in den

34

elementaren Teilen auf unerwartete Schwierigkeiten stößt. Ihre enge Verwandtschaft mit der analytischen Theorie der Ungleichungen verleiht ihr ein zusätzliches Interesse. Wir wollen jetzt einige ungelöste Probleme aus diesem Gebiet beschreiben.

Ist eine ebene konvexe Figur F gegeben, bei der zwei aufeinander senkrecht stehende Sehnen den Umfang in vier gleiche Teile zerlegen, dann vermutet man, daß die doppelte Summe der Sehnenlängen dem Umfang von F wenigstens gleich ist. Genau gleich ist sie nur bei Rechtecken, bei denen es sich jedoch im strengen Sinne um nichtkonvexe Figuren handelt. Eine andere Vermutung zur selben Figur: Die Summe der Sehnenlängen ist mindestens gleich dem Durchmesser von F. Beide Vermutungen sind bisher nicht bewiesen worden.

Der Kreis ist eine ebene Kurve, bei der alle Sehnen durch einen bestimmten Punkt (in diesem Falle den Mittelpunkt) die gleiche Länge haben. Diese Eigenschaft ist jedoch nicht nur für Kreise charakteristisch; es gibt auch andere konvexe Kurven, die sie besitzen. Man weiß nicht, ob es eine ebene, konvexe oder nichtkonvexe Kurve gibt, bei der zwei Punkte, A und B, diese Eigenschaft haben, d. h. bei der alle Sehnen durch A *oder* durch B die gleiche Länge besitzen.

Nehmen wir an, es sei ein konvexer Körper im gewöhnlichen, dreidimensionalen Euklidischen Raum gegeben, außerdem ein beliebiger Punkt O in seinem Inneren. Man betrachte den wie folgt definierten Punkt P: Die Länge der Strecke OP ist gleich der Fläche des ebenen Schnitts durch den konvexen Körper, der durch den Punkt O geht und auf der Strecke OP senkrecht steht. Beschreibt der Punkt P eine zweite konvexe Fläche, während der ebene Schnitt sich durch alle möglichen Positionen um O bewegt?

Eine aus homogenem Material gefertigte zylindrische Walze (deren Querschnitt ein Kreis ist) befindet sich in jeder beliebigen Position im Schwimmgleichgewicht – wenn sie überhaupt leicht genug zum Schwimmen ist. D. h.: Ganz gleich, wie wir sie um ihre Achse drehen, sie wird in der erreichten Endposition weiter auf dem Wasser schwimmen. *H. Auerbach* hat noch andere Kurven gefunden, die ebenso wie Kreise diese Eigenschaft besitzen. *Hugo Steinhaus* bemerkt zu diesen Kurven: „... sie sind so berechnet, daß jede Sehne, die den Umfang halbiert, auch die Fläche halbiert. Diese Eigenschaft kommt also nicht ausschließlich dem Kreise zu." Das ist etwas verwirrend formuliert: Man weiß nicht, worauf sich „diese Eigenschaft" bezieht. Die Eigenschaft, daß jede Sehne, die den Umfang halbiert, auch die Fläche halbiert, ist so offensichtlich kein ausschließliches Charakteristikum des Kreises, daß es kaum der Mühe wert scheint, sie zu erwähnen; z. B. hat ja auch jedes Rechteck diese Eigenschaft. Aber es ist sicherlich nicht diese Eigenschaft, die einem Körper ein Schwimmgleichgewicht in jeder beliebigen Position verleiht. Bei einer normalen Planke mit rechteckigem Querschnitt gibt es schließlich nur zwei Gleichgewichtspositionen. Die physikalische Voraussetzung für das Schwimmgleichgewicht ist: Der Schwerpunkt des untergetauchten Teils muß sich auf derselben Senkrechten befinden wie der Schwerpunkt des Gesamtkörpers.

Für drei Dimensionen ist das Problem noch ungelöst. Ist ein konvexer Körper, der bei jeder beliebigen Orientierung im Gleichgewicht schwimmt, notwendigerweise eine Kugel?

Weitere Probleme, die hiermit zusammengehören, lassen sich nach einem Vorschlag von *H. T. Croft* formulieren: Man klassifiziere alle ebenen Schnitte durch einen konvexen Körper wie folgt:

V diejenigen, durch die ein gewisses konstantes Volumen abgetrennt wird;

P diejenigen, durch die eine konstante Schnittfläche erzeugt wird;

S diejenigen, durch die ein Oberflächenstück konstanter Größe vom Körper abgetrennt wird;

T diejenigen, die mit den Tangentenebenen an allen Punkten der Oberfläche des Körpers einen konstanten Winkel bilden.

Man kommt dann zu Fragestellungen, indem man diese Buchstaben paarweise kombiniert. Z. B. könnte man fragen: Wenn alle Schnitte des Typs V auch zum Typ S gehören, ist dann der zugehörige Körper notwendigerweise eine Kugel? Ich weiß nicht, ob und welche dieser Fragen bisher beantwortet worden sind.

Es gibt einige Untersuchungen zur Theorie der einbeschriebenen ebenen Figuren, die in einem umbeschriebenen Polygon beliebig gedreht werden können und dabei ständig in Berührung mit allen Seiten des Polygons bleiben. Es gibt unendlich viele Kurven, die keine Kreise sind, aber dennoch in einem regulären, n-seitigen Polygon so gedreht werden können, daß sie mit allen Seiten gleichzeitig in Berührung bleiben. In den Fällen, wo n größer als 4 ist, weiß man nicht, welche dieser Kurven die kleinste Fläche einschließt. Fragen dieser Art, die auf den ersten Blick höchst abstrakt erscheinen, stellen sich manchmal in der angewandten Mechanik.

Es gibt auf vielen Spezialgebieten Leute, für die ein bestimmter Teil dieses Gebiets zum Hobby oder sogar zum Lebensinhalt wird. Sie entwickeln sich dann oft zu Autoritäten von Weltgeltung. Was die Kurven, die im letzten Absatz beschrieben worden sind, betrifft, ist *Michael Goldberg*, der Chefingenieur des Waffenamtes der amerikanischen Kriegsmarine (Bureau of Ordance, U. S. Navy Department), solch ein Mann. Er bezeichnet derartige Kurven als Rotoren. In einer Abhandlung von 1957 hat er eine Vermutung darüber aufgestellt, durch welche Art Rotor das eben erwähnte Problem gelöst werden könnte. An anderer Stelle fragt er: „Gibt es nichtkugelförmige Körper, die durch alle Orientierungen gedreht werden können und dabei in Berührung mit allen Seiten eines regulären dreiseitigen Prismas bleiben?"

Bei jeder konvexen Kurve gibt es drei Sehnen, die sich wechselseitig halbieren und in einem Winkel von $60°$ schneiden. *Steinhaus*, der diesen Satz bewiesen hat, glaubt, daß er für jede beliebige einfach geschlossene Kurve gilt, gleichgültig, ob sie konvex ist oder nicht. Er hat diese Vermutung jedoch nicht beweisen können.

Es ist unmöglich, eine geschlossene konvexe Oberfläche zu verbiegen, ein Umstand, den sich die Natur z. B. bei der Konstruktion von Vogeleiern zunutze gemacht hat. Ihre Schale würden viel schwerer sein müssen, wenn sie bei einer anderen Form die gleiche Haltbarkeit gewährleisten sollte.

Bei einem angeknickten Ping-Pong-Ball reißt die Oberfläche ja tatsächlich auf oder wird durch die Deformation zumindest geschwächt. Wenn man in eine konvexe Oberfläche ein beliebig kleines Loch schneidet, wird sie biegbar. Es ist nicht bekannt, ob man die Fläche aufschlitzen muß, oder ob schon das Herausnehmen einiger isolierter Punkte sie biegbar machen würde.

Auch geschlossene konvexe Polyeder sind starr. Aber nach *Hilbert* und *Cohn-Vossen* gibt es geschlossene nichtkonvexe (d. h. sternförmige) Polyeder, deren Seiten gegeneinander bewegt werden können. Ungeklärt ist dabei, ob sich bei einer solchen Bewegung das Volumen verändert.

☐

Die folgende Frage ist von *Leo Moser* gestellt worden: Welches ist die kleinste Anzahl von Farben, mit denen man eine ebene Landkarte so färben kann, daß keine zwei Punkte mit dem Abstand 1 jemals zur gleichen Farbe gehören? Bild 15 zeigt, daß sieben Farben hinreichend sind. Das dargestellte

Schema kann beliebig fortgesetzt werden. Jede Zahl steht für eine andere Farbe. Der Durchmesser jedes Sechsecks ist etwas kleiner als 1, etwa 0,99. Die Frage ist: Sind sieben Farben notwendig, und wenn nicht: welches ist die kleinste hinreichende Zahl?

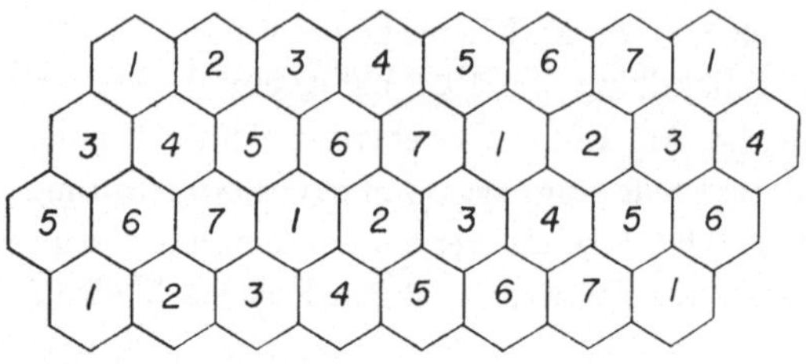

Bild 15

Bei einem anderen Färbungsproblem geht es um Dreiecke. Welches ist die kleinste Anzahl von Farben, bei der wir sicher sein können, daß die drei Ecken eines gleichseitigen Dreiecks nicht auf derselben Farbe liegen, wenn wir es beliebig auf eine Landkarte fallen lassen? – Für ebene Landkarten soll das Problem gelöst worden sein; hingegen nicht für Karten auf Kugeloberflächen, d. h. für einen Globus.

□

Zwei Geraden, die in einer Ebene liegen, schneiden sich im allgemeinen in einem Punkt. Eine Ausnahme bilden die Parallelen, die sich überhaupt nicht schneiden. Im dreidimensionalen Raum liegen die Probleme etwas anders: Hier schneiden sich zwei Geraden in der Regel nicht – sie stehen windschief zueinander –, wenn sie nicht in derselben Ebene liegen. Dann schneiden sie sich, sofern es sich nicht um Parallelen handelt. Zu zwei windschiefen Geraden gibt es eine und nur eine dritte Gerade, die auf beiden senkrecht steht. Die Länge dieser Geraden ist die kürzeste Entfernung zwischen den windschiefen Geraden, oder einfacher: der Abstand der beiden voneinander. Wie viele Geraden gibt es im dreidimensionalen Raum, die so angeordnet sind, daß jede einzelne von ihnen von allen übrigen den Abstand 1 hat? Man vermutet, daß es sieben sind; aber es gibt keinen Beweis dafür. Vielleicht ist sieben zu niedrig oder zu hoch geschätzt.

□

Wie viele verschiedene Abstände kann es zwischen den Ecken eines konvexen irregulären Polygons geben? Man weiß, daß es $n/3$ geben kann, wenn

n die Anzahl der Ecken ist. *Erdos* vermutet jedoch, daß es bis zu $n/2$ verschiedene Abstände geben könnte.

□

Und nun zwei amüsante aber nichtsdestoweniger schwierige Probleme, die Steinhaus formuliert hat!

1. Man betrachte einen Billardtisch, dessen Rand die Form einer glatten konvexen Kurve hat. *ABC* soll ein periodisches Dreieck genannt werden, wenn von seinen Ecken *A, B, C* gilt, das *ABCABCABC* ... den möglichen Lauf eines Billardballs beschreibt. Es ist bekannt, daß von den dem Billardtisch einbeschriebenen Dreiecken das mit dem größten Umfang ein solches Dreieck ist. Die Frage ist: Kann man in allen Fällen wenigstens noch ein weiteres solches Dreieck finden?

2. Man betrachte eine kleine Kugel, die im Innern eines regulären Tetraeders elastisch umherspringt, ohne die Ecken oder Kanten zu berühren. Würden sich periodische Umläufe ergeben, wenn man die Schwerkraft vernachlässigen könnte?

□

Wenn man einem gegebenen Dreieck ein anderes einbeschreibt, wird es dadurch in vier kleinere Dreiecke zerlegt. Kann dieses einbeschriebene Dreieck unter den vier Dreiecken den geringsten Umfang haben? Den gleichen Umfang haben sie, wenn die Ecken des einbeschriebenen Dreiecks mit den Mittelpunkten der Seiten des gegebenen Dreiecks zusammenfallen.

□

Es liegt auf der Hand und kann auch bewiesen werden, daß die längste Strecke, die sich in oder an einem Dreieck finden läßt, die längste Seite des Dreiecks ist. Was man nicht weiß ist, ob man dieses Resultat auf drei Dimensionen übertragen kann: Ist der größte ebene Schnitt bei einer dreieckigen Pyramide (einem Tetraeder) identisch mit ihrer größten Seite oder nicht (vgl. Bild 16)? Es hat den Anschein, als ob es so wäre; aber man muß sich in der Stereometrie vor voreiligen Schlüssen hüten. Es ist z. B. „einleuchtend" aber vollkommen falsch, daß jeder ebene Schnitt durch ein Tetraeder dreieckig ist. Bild 17 zeigt einen quadratischen Schnitt durch ein reguläres Tetraeder. Ein Würfel kann so geschnitten werden, daß sich als Schnittfläche ein regelmäßiges Sechseck ergibt, nämlich vermittels einer Ebene durch den Mittelpunkt, die auf einer Hauptdiagonalen senkrecht steht (Bild 18). Entgegen der Erwartung, hat ein solcher Schnitt nicht die größte mögliche Fläche. *Alan R. Hyde* hat gezeigt, daß der Schnitt mit der größten Fläche durch zwei gegenüberliegende parallele Kanten verläuft, wobei für den Einheitswürfel die Fläche $\sqrt{2}$ entsteht.

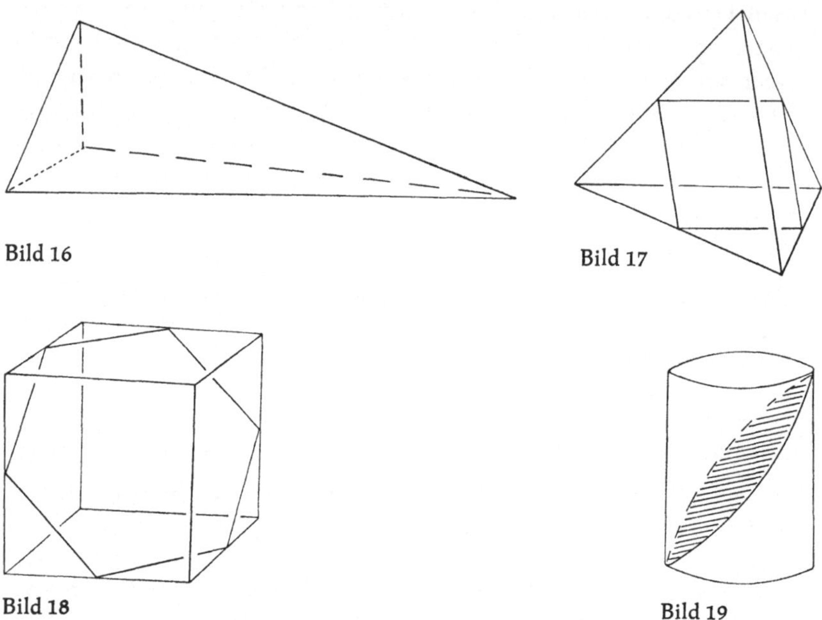

Bild 16

Bild 17

Bild 18

Bild 19

Welches ist der größte ebene Schnitt durch einen geraden Kreiszylinder mit dem Radius r und der Höhe h? Es ist nicht, wie man vielleicht zuerst annehmen würde, die elliptische Fläche, die man bei einem diagonalen Schnitt erhält (Bild 19). Ein Schnitt, der etwas senkrechter verläuft und die Grundflächen mitschneidet, ergibt eine größere Fläche. Der Winkel, den die Schnittebene des größten Schnitts mit der Senkrechten bildet, ist vom Verhältnis h zu r abhängig. Man kann die gesuchte Fläche als eine Funktion dieses Verhältnisses ausdrücken und die Maximierungsverfahren der elementaren Infinitesimalrechnung auf sie anwenden; aber die Gleichung, die sich dabei ergibt, ist unhandlich und kann vermutlich nur durch Näherungsmethoden gelöst werden. Eine Formel, durch die die gesuchte größte Fläche mit Hilfe von h und r berechnet werden könnte, steht uns gegenwärtig nicht zur Verfügung.

□

Die Schwierigkeit von Zerlegungsproblemen ist darauf zurückzuführen, daß man bei ihrer Behandlung auf keine erkennbaren Regelmäßigkeiten stößt. Jede Lösung ist anders als die vorige, und jedes Problem muß für sich behandelt werden.

Man nennt ein Dreieck spitzwinklig, wenn alle seine Winkel kleiner als 90° sind. Ein stumpfwinkliges Dreieck dagegen besitzt einen stumpfen Winkel. Es ist bekannt, daß ein stumpfwinkliges Dreieck immer in nicht mehr als sieben spitzwinklige Dreiecke zerlegt werden kann, und daß man in der Regel auch mindestens sieben dazu braucht. Unter bestimmten bekannten Bedingungen hinsichtlich der Größe der Winkel können die sieben spitzwinkligen Dreiecke gleichschenklig sein. Im allgemeinen kann ein stumpfwinkliges Dreieck immer in acht spitzwinklige gleichschenklige Dreiecke zerlegt werden. *Frage*: Kann es immer in sieben zerlegt werden?

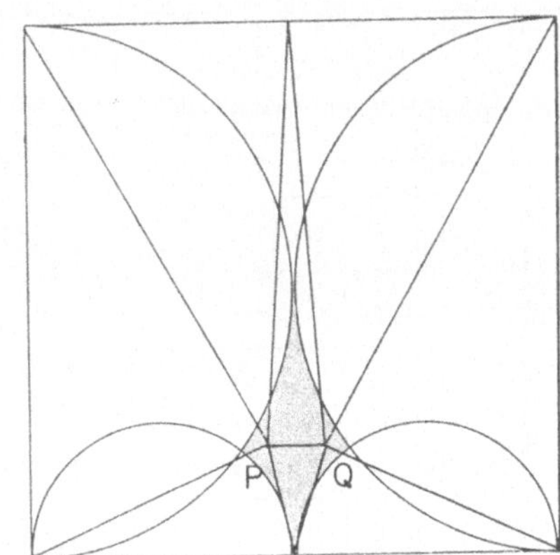

Bild 20

Welches ist die kleinste Zahl spitzwinkliger Dreiecke, die notwendig ist, um ein Quadrat zu zerlegen? – Dieses Problem ist vor kurzem gelöst worden: Acht Dreiecke sind notwendig; und man sieht in Bild 20, wie die entsprechenden Schnitte gelegt werden müssen. Wenn die Punkte P und Q in der dunkelgetönten Fläche liegen, ist klar, daß sämtliche Dreiecke spitzwinklig sein müssen. Wie es heißt, ist bewiesen worden, daß acht tatsächlich das erforderliche Minimum ist. Ob aber die Lösung von Bild 20 die einzig mögliche ist, ist nicht bekannt.

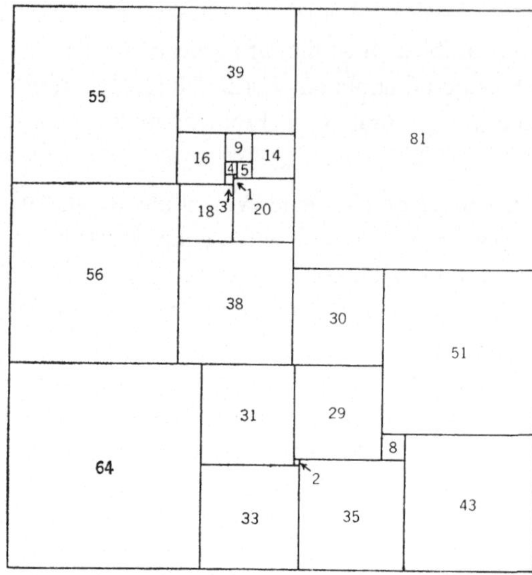

Bild 21

regelmäßiges N-seitiges Polygon N=	3	4	5	6	7	8	12	+
4	4							
5	6	6						
6	5	5	7					
7	10	9	11	11				
8	8	5	9	9	13			
12	8	6	·	·	·	·		
+	5	4	7	7	12	9	6	
†	5	5	8	7	12	8	7	7
Regelmäßiges Polygon, Anzahl der Seiten	3	4	5	6	7	8	12	+

Bild 22
+ Griechisches Kreuz
† Lateinisches Kreuz

Ein Quadrat kann in 24 kleinere Quadrate unterschiedlicher Größe zerlegt werden (Bild 21). Ist dies die kleinste mögliche Anzahl, wenn keine zwei der Quadrate gleich sein dürfen?

Bild 22 zeigt den gegenwärtigen Stand unseres Wissens bezüglich verschiedener Zerlegungsprobleme. Die Zahlen in den Feldern geben jeweils die kleinste bekannte Zahl von Stücken an, die notwendig ist, um die links aufgeführten ebenen Figuren zu zerlegen und zu den unten gekennzeichneten Figuren zusammenzusetzen (wobei man gegebenenfalls Stücke umdrehen darf. Wie gesagt, handelt es sich um die gegenwärtig (1962) bekannten Minima. In fast allen Fällen weiß man jedoch nicht, ob dies nun wirklich die besten möglichen Lösungen sind.

☐

Bei einem seit langem bekannten Problem geht es um die dichteste mögliche *Packung* von Kugeln gleicher Größe. Gewöhnlich stellt man sich die Kugeln in einem kleinen Teil eines sehr großen Behälters gepackt vor, so daß man Randbedingungen vernachlässigen kann. Die dichteste bekannte Packung hat eine Dichte von 0,74 erreicht; d. h. fast drei Viertel des verfügbaren Raumes sind mit Kugeln ausgefüllt. Es ist nicht bekannt, ob dies die dichteste mögliche Packung ist. 1958 ist bewiesen worden, daß – wenn es eine noch dichtere Packung gibt – ihre Dichte jedenfalls nicht 0,78 überschreiten kann. Das ist aus theoretischen Gründen eine absolute obere Grenze.

☐

Jetzt formulieren wir ohne weiteren Kommentar ein Problem, das sich geometrisch anhört, das sich aber wahrscheinlich nur durch mengentheoretische Überlegungen lösen lassen dürfte: Zeige, daß es in jeder Nachbarschaft eines Punktes auf einer hinreichend glatten Fläche vier andere Punkte der Fläche gibt, die die Ecken eines Quadrats bilden. Die Fläche $z = f(x, y)$ ist „hinreichend glatt", wenn $f(x, y)$ stetig ist. Möglicherweise müssen auch noch die ersten partiellen Ableitungen stetig sein.

Donald Greenspan von der Purdue-Universität möchte wissen, ob es im dreidimensionalen Euklidischen Raum eine einfach geschlossene Kurve gibt, die die folgenden beiden Eigenschaften besitzt:

1. Keine drei Punkte der Kurve liegen auf einer Geraden;

2. keine vier Punkte der Kurve liegen auf einem Kreis. Existiert solch eine Kurve? Wenn ja, wie sieht sie aus?

Wenn einer gleichseitigen Hyperbel gleichseitige Dreiecke „einbeschrieben"
werden, ergibt sich als geometrischer Ort ihrer Mittelpunkte eine weitere
gleichseitige Hyperbel. Gibt es noch andere Kurven, die diese Eigenschaft
besitzen? Wie lautet die Gleichung der allgemeinsten Kurve, bei der der
geometrische Ort der Mittelpunkte einbeschriebener gleichseitiger Dreiecke
wiederum eine solche Kurve beschreibt?

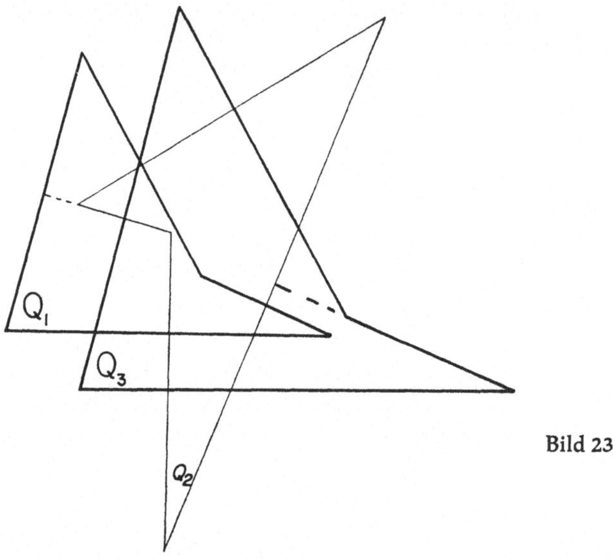

Bild 23

Die Mittelsenkrechten auf den Seiten eines gegebenen Vierseits Q_1 bilden
ein Vierseit Q_2, und die Mittelsenkrechten auf den Seiten von Q_2 bilden ein
Vierseit Q_3. Zeige, daß Q_3 ähnlich Q_1 ist, und bestimme das Ähnlichkeitsverhältnis! Es genügt natürlich *nicht*, zu zeigen, daß die korrespondierenden
Seiten parallel sind. Das ist trivialerweise evident. Eine interessante Eigenschaft dieser Konstruktion ist ihre Nichtumkehrbarkeit: wenn man mit Q_3
anfängt (Bild 23), kommt man nicht zu Q_1 zurück. Man kann leicht sehen,
warum das so ist. Das gesuchte Ähnlichkeitsverhältnis ist bei unserer Konstruktion größer als 1; das neue Vierseit muß also größer sein als das alte.
Wenn wir die Konstruktion fortsetzen, können wir beobachten, daß Q_4 zu
Q_2 im selben Verhältnis steht wie Q_3 zu Q_1. Das gilt in diesem Falle
allgemein.

Unser Katalog geometrischer Fragen hat uns zuletzt zu Problemen geführt, bei denen ein klassischer Mathematiker sich wieder heimisch fühlen könnte. Und wir wollen dieses Kapitel nun auch mit einem letzten Problem aus der gewöhnlichen, „altmodischen" ebenen Geometrie abschließen.

Man ziehe durch den Punkt A des Dreiecks ABC eine Gerade $\overline{AM}$, die die Seite $\overline{BC}$ in M schneidet. Der Winkel AMC sei $2\,\vartheta$; O und I seien die Mittelpunkte des Umkreises (O) von ABC und des einbeschriebenen Kreises (I). Die Kreise ω_1 und ω_2 mit den Mittelpunkten ω_1 und ω_2 und den Radien ϱ_1 und ϱ_2 gehen durch O. Außerdem berührt der erste die Schenkel des Winkels AMC und der zweite die Schenkel des Winkels AMB. Beweise:

1. Die Gerade, die ω_1 und ω_2 verbindet, geht durch I.

2. Der Punkt I schneidet die Strecke $\omega_1\,\omega_2$ im Verhältnis $(\tan^2\vartheta) : 1$, und
   $\varrho_1 + \varrho_2 = (r\sec\vartheta)^2$, wobei r der Radius von I ist.

Diese Aufgabe ist elementar aber schwierig. Ihr erster Teil kann bei hinreichendem Scharfsinn und Ausdauer ziemlich sicher unter Verwendung rein synthetischer (d. h. euklidischer) Methoden gelöst werden. Für den zweiten Teil sind die Methoden der analytischen Geometrie wahrscheinlich besser geeignet.

Der Erfinder dieses Problems war *Victor Thébault* aus Le Mans in Frankreich. Er hat es 1938 im „American Mathematical Monthly" veröffentlicht, als eines der vielen hundert, die dieser produktive „Problematiker" zwischen 1933 und 1960 (als er im Alter von 78 Jahren starb) hervorgebracht hat. Dabei war er auf dem Gebiet der Zahlentheorie ebenso beschlagen wie auf dem der Geometrie. „Der Reichtum an zahlentheoretischen Sätzen und Problemen, den M. *Thébault* hervorgebracht hat, ist für alle, die von diesem Gebiet fasziniert sind, eine beständige Quelle der staunenden Bewunderung." Es lohnt sich, *Thébault* selbst auch noch zu zitieren: „Bei einigen Mathematikern findet man eine gewisse Neigung – die nicht ganz von Verachtung frei ist – solche Probleme als bedeutungslose Kleinigkeiten zu betrachten. Wenn man so will, handelt es sich durchaus um Kleinigkeiten; aber die Lösung dieser Probleme verlangt oft nicht weniger Scharfsinn, Einfallsreichtum und subtile Kunstgriffe als die vieler Fragen von anerkannt tieferer Bedeutung. Außerdem erfordert die Untersuchung einer elementaren Aussage manchmal eine Anstrengung, die keineswegs geringzuschätzen ist, eine ausgezeichnete Übung des Intellekts darstellt und letzten Endes doch zu einem lohnenden Ergebnis führt."

5. Arithmetische Probleme

In der Zahlentheorie – die manchmal auch als „höhere Arithmetik" bezeichnet wird – gibt es eine beträchtliche Anzahl ungelöster Probleme von ganz erheblichem Schwierigkeitsgrad. Wir finden hier ein Beispiel für das Phänomen, das wir in Kapitel 1 diskutiert haben: Einige Probleme der Zahlentheorie, deren Behandlung mit numerischen Methoden äußerst schwierig ist, sind kürzlich durch Einbettung in die Analysis gelöst worden. Weil die Zahlentheorie sich ausschließlich mit den Eigenschaften der *ganzen Zahlen* 1, 2, 3, 4, ... beschäftigt, war es höchst erstaunlich, daß man mit Methoden, die man normalerweise nur bei *stetigen* Prozessen anwendet, hier überhaupt zu Ergebnissen kommen konnte. In der Analysis hat man es bekanntlich mit Variablen zu tun, die jeden beliebigen reellen Wert annehmen können (einschließlich der ganzen Zahlen, aber auch einschließlich der unendlich vielen Zahlen, die zwischen den ganzen Zahlen liegen). Die meisten neueren Ergebnisse der Zahlentheorie wurden mit Hilfe analytischer Verfahren erreicht, daher darf man mit Grund hoffen, daß in dieser Richtung noch weitere Fortschritte zu erwarten sind.

Das vielleicht berühmteste ungelöste Problem der Mathematik ist die *Fermatsche Vermutung.* „Vermutung" deshalb, weil *Fermat* uns keinen Beweis hinterlassen hat. Er schrieb, daß er einen „wunderbaren" Beweis entdeckt hätte. In jedem anderen Falle, in dem er so etwas behauptet hat, hat sich hinterher auch der Beweis gefunden, außer bei diesem Problem.

Es gibt für die Gleichung $x^2 + y^2 = z^2$ viele – genauer gesagt: unendlich viele – Lösungen, bei denen x, y und z ganzzahlig und positiv sind. Wir alle kennen $3^2 + 4^2 = 5^2$; $5^2 + 12^2 = 13^2$ ist ein weiteres Beispiel. Man kann mit Leichtigkeit Formeln hinschreiben, die alle möglichen Lösungen liefern. Diese – oder äquivalente – Formeln werden von aktiven Amateurmathematikern immer wieder neu entdeckt. Wobei man bemerken muß, daß es ja durchaus nicht weniger erregend und lobenswert ist, wenn man für sich selber etwas neu entdeckt, was von anderen schon vorher gefunden worden ist.

Betrachten wir nun die Gleichung $x^n + y^n = z^n$! Die Fermatsche Vermutung besagt, daß es für diese Gleichung keine ganzzahlige und positive Lösung gibt, wenn n größer als 2 ist. Diese erstaunliche Tatsache – und um eine Tatsache scheint es sich zu handeln, auch wenn bisher noch kein allgemeiner Beweis gefunden worden ist – ist kürzlich für einen weiten Bereich von n

überprüft worden, etwa für alle n, die kleiner als 2000 sind. Man kann dies tun, indem man das Problem entsprechend programmiert und es einem leistungsfähigen Computer eingibt. Weil aber selbst eine kleine Zahl wie 2 in der zweitausendsten Potenz eine sehr große ganze Zahl ergibt, darf man nicht hoffen, daß man bei dieser Prozedur „mit roher Gewalt" ein Gegenbeispiel finden kann: Die Realisierung dieses Satzes ist schlechthin unmöglich. Was mit Bleistift, Papier und den Gaben des menschlichen Gehirns zu leisten bleibt, ist genau das, was keine Maschine zu leisten vermag: Man muß einen Beweis finden, der für alle Fälle gilt, so daß wir nicht mehr auf bloßes Probieren angewiesen sind. *Fermat* behauptete, den Beweis zu besitzen. Weil seitdem Hunderte der fähigsten Mathematiker vergeblich nach ihm gesucht haben, neigt man vielfach zu der Ansicht, daß *Fermat* sich geirrt haben müsse. In dem, was er für einen Beweis hielt – und niemand zweifelt im mindesten an seiner Ehrlichkeit – muß ein Fehler versteckt gewesen sein. Wie dem auch sei, die lange Suche nach diesem Beweis ist keineswegs vergeblich gewesen. Man darf viele interessante Resultate zu ihren Nebenprodukten zählen. So ist z. B. die Theorie der algebraischen Zahlen weitgehend in diesem Zusammenhang entwickelt worden.

In der Zahlentheorie geht es sehr oft um Primzahlen; man könnte fast sagen, daß sie die Theorie der Primzahlen *ist*. Bekanntlich handelt es sich bei Primzahlen um Zahlen wie 5 (oder 11, oder 29), die außer sich selbst und 1 keine anderen Teiler haben. Eine Zahl wie 15 dagegen bezeichnet man als zerlegbar oder zusammengesetzt: aus den Faktoren 3 und 5. Primzahlen sind aus verschiedenen Gründen bemerkenswert, und wir würden deshalb natürlich gerne alles über sie wissen. Aber bis heute wissen wir fast garnichts. Man weiß nur, daß es unendlich viele sind, und daß es keine letzte Primzahl gibt. Aber welche Zahlen sind Primzahlen? Wie kann man einer bestimmten Zahl, etwa 39 617, ansehen, ob sie prim oder zusammengesetzt ist? Wieviele Primzahlen gibt es, die kleiner als 39 617 sind? Wie heißt die erste Primzahl, die größer als 39 617 ist? Wie groß sind die Lücken zwischen zwei aufeinanderfolgenden Primzahlen? Wir können keine dieser Fragen generell beantworten.

Der einzige bekannte (und brauchbare) Test, mit dessen Hilfe wir entscheiden können, ob N eine Primzahl ist, besteht darin, daß man N nacheinander durch alle Primzahlen 2, 3, 5, 7, 11, 13, . . . zu teilen versucht, die kleiner sind als die Quadratwurzel von N. Man stellt also durch bloßes Probieren fest, ob es einen Teiler von N gibt. Über $\sqrt{N}$ braucht man nicht hinauszugehen; denn wenn es eine größere Zahl gäbe, die N teilt, wäre der Quotient kleiner als $\sqrt{N}$ und deshalb schon bei einem früheren Versuch gefunden worden.

Es ist keine Formel bekannt, die alle Primzahlen liefert; ja es gibt nicht einmal eine Formel, von der man bestimmt weiß, daß sie *überhaupt* Primzahlen liefert. *Fermat* meinte, daß er vielleicht eine solche Formel gefunden hätte. Aber man muß dazu gleich bemerken, daß er in diesem Falle gestand, er könne keinen Beweis finden. Was nicht weiter überraschend ist, denn die Formel funktioniert nicht. *Fermat* hatte nämlich entdeckt, daß

$$X = 2^{2^n} + 1$$

für die ersten ganzen n eine Primzahl ist. Wir erhalten für $n = 0, 1, 2, 3$ und 4 die *Fermatschen Primzahlen* 3, 5, 17, 257 und 65 537. Aber die nächste Fermatzahl, $F_5 = 4\,294\,967\,297$, kann in die Faktoren $641 \times 6\,700\,417$ zerlegt werden und ist folglich nicht prim. Für $n > 5$ werden die Fermatschen Zahlen rasch ungeheuer groß. Von einigen weiß man, daß sie zusammengesetzt sind. Ob es unter ihnen auch Primzahlen gibt, weiß man nicht.

Im siebzehnten Jahrhundert hat der Amateurmathematiker *Mersenne*, ein Freund von *Fermat*, begonnen, Zahlen der Form $2^k - 1$ zu untersuchen. Man hat bis heute noch nicht sehr viel über sie herausgefunden. Eine Mersennesche Zahl $M = 2^k - 1$ kann eine Primzahl sein oder auch nicht. Für $k = 2, 3, 5, 7$ erhalten wir $M = 3, 7, 31, 127$, lauter Primzahlen. Aber für $k = 4$ ist $M = 15$, eine zusammengesetzte Zahl. M muß immer zusammengesetzt sein, wenn k eine gerade Zahl und größer als 2 ist, denn dann gilt

$$M = 2^{2j} - 1 = (2^j + 1)\,(2^j - 1)\,.$$

Darüber hinaus ist M immer dann zusammengesetzt, wenn k zusammengesetzt ist. Wenn dagegen k eine Primzahl ist, ist M nicht notwendigerweise eine Primzahl. Das erste Gegenbeispiel ist $M = 2^{11} - 1 = 23 \cdot 89$.

Es ist vermutet worden, daß $2^k = 1$ immer dann eine Primzahl sein würde, wenn k selbst eine Mersennesche Primzahl wäre. Wir haben festgestellt, daß 3, 7, 31, 127 die ersten vier Mersenneschen Primzahlen sind, und es stellt sich auch wirklich heraus, daß $2^3 - 1$, $2^7 - 1$, $2^{31} - 1$ und $2^{127} - 1$ sämtlich Primzahlen sind. $2^{11} - 1$ ist keine Primzahl, aber $2^{13} - 1 = 8191$ ist wieder prim. Wenn die Vermutung richtig wäre, müßte also auch $2^{8191} - 1$ eine Primzahl sein. Das ergibt eine so ungeheuer große Zahl, daß sie erst vor kurzem durch einen Computer errechnet werden konnte. Es stellte sich heraus, daß sie zusammengesetzt ist.

Um nun zu den Fermatschen Zahlen zurückzukehren: Man weiß seit 1954, daß nach F_4 alle F_n bis einschließlich F_{12} zusammengesetzt sind. Einige noch größere Fermatsche Zahlen sind ebenfalls als zusammengesetzt bekannt. Man würde nun gern wissen, ob es überhaupt F_n mit $n > 4$ gibt, die prim sind. Eine Zeitlang hatte man den Verdacht, daß $F_{13} = 2^{8191} + 1$ möglicherweise aus dem gewohnten Rahmen fallen, d. h. prim sein könnte, weil sich ihr Mersennesches Gegenstück, $2^{8191} - 1$, anders verhielt, als man erwartet hatte. Diese Vermutung – die ohnehin ganz auf's Geratewohl aufgestellt worden war – wurde 1960 widerlegt, als *G. A. Paxson* von der California Research Corporation in Richmond, Calif. durch eine sechsstündige Rechnung auf einer IBM 7090 nachwies, daß F_{13} zusammengesetzt ist. Damit war eine weitere Fermatzahl als zusammengesetzt erkannt worden. „Die Vermutung, daß es zwischen der Fermatschen und den Mersenneschen Zahlen einen sinnvollen Zusammenhang geben könnte, ist also wahrscheinlich vollkommen illusorisch."

Eine andere Vermutung über die Mersenneschen Zahlen war, daß wenn $M_k = 2^k - 1$ prim ist, $M_k + 100$ auch prim sein müsse. Das gilt für alle Primzahlen M_k, bei denen $k \leq 19$ ist. Ist jedoch $k > 19$, lassen sich viele zusammengesetzte Gegenbeispiele finden. Überdies hat man keine weiteren Primbeispiele finden können, was nun wiederum Anlaß zu der Vermutung gegeben hat, daß bei Primzahlen M_k für $k > 19$ $M_k + 100$ vielleicht *niemals* prim ist.

Die Hauptschwierigkeit bei der Behandlung der Mersenneschen Zahlen und ihrer noch größeren Verwandten, der Fermatzahlen, besteht natürlich darin, daß sie so rasch ins Ungeheuerliche wachsen. Schon F_{10} hat 309 Stellen, und über F_{36} hat *Edouard Lucas* bemerkt: „ . . . la bande de papier qui le contiendrait ferait le tour de la Terre" – daß man einen Papierstreifen, auf dem die Zahl steht, um die ganze Erde wickeln könnte. Bei *W. W. Rouse Ball* heißt es, daß die Stellen von F_{73} „so zahlreich sind, daß – wenn man die Zahl im normalen Buchsatz ausdruckte – sich weitaus mehr Bände ergeben würden als bis jetzt in sämtlichen Bibliotheken der Welt stehen." In Anbetracht dessen will es einem unglaublich erscheinen, daß man von der phantastischen Zahl F_{1945} inzwischen weiß, daß sie einen Faktor besitzt, nämlich $5 \cdot 2^{1947} + 1$. Das ist – bis 1961 – der Weltrekord.

Wir wollen hier einen Augenblick abschweifen, um wenigstens anzudeuten, wie der Mathematiker in diesem alptraumähnlichen Bereich überhaupt etwas ausrichten kann. „12 und 5 sind kongruent modulo 7" ist eine Aussage, die man so schreibt: $12 \equiv 5 \bmod 7$. Das bedeutet: 12 und 5 ergeben denselben

Rest, wenn man sie durch sieben teilt. Entsprechend gilt: $31 \equiv 1 \bmod 3$, und ebenso: $31 \equiv 10 \bmod 3$. In vieler Hinsicht kann man mit Kongruenzen wie mit Gleichungen rechnen. Es läßt sich leicht beweisen, daß man beide Seiten einer Kongruenz mit der gleichen ganzen Zahl multiplizieren oder beide Seiten ins Quadrat erheben kann, ohne die Kongruenz aufzuheben. Nehmen wir $4 \equiv 1 \bmod 3$. Multipliziert man mit 5 ergibt das: $20 \equiv 5 \bmod 3$; ins Quadrat erhoben: $16 \equiv 1 \bmod 3$. Um einen Eindruck von der mathematischen Leistungsfähigkeit des Rechnens mit Kongruenzen zu bekommen, wollen wir zwei Beispiele betrachten:

1. Jede ungerade Quadratzahl ist kongruent 1 modulo 8. Denn jede ungerade Zahl ist definitionsgemäß kongruent 1, 3, 5 oder 7 mod 8. Wenn wir beide Seiten quadrieren, stellen wir fest, daß jede ungerade Quadratzahl kongruent 1, 9, 25 oder 49 mod 8 ist. Diese sind nun aber sämtlich kongruent 1 mod 8; womit unsere Behauptung bewiesen ist.

2. Wie groß ist der Rest, der übrigbleibt, wenn man 3^{100} durch 7 teilt?

Lösung:

$$3^3 = 27 \equiv -1 \bmod 7$$
$$(3^3)^{33} = 3^{99} \equiv (-1)^{33} = -1 \bmod 7$$
$$3\,(3^{99}) = 3^{100} \equiv 3\,(-1) = -3 \equiv 4 \bmod 7$$

Es ist vielleicht keine sonderlich wertvolle Information, zu wissen, daß 4 als Rest bleibt, wenn man 3^{100} durch 7 teilt. Aber wenn man bedenkt, daß es sich bei 3^{100} um eine 48-stellige Zahl handelt, sind wir mit bemerkenswert wenig Mühe zu unserem Ergebnis gekommen. Nur mit Hilfe solcher und ähnlicher Methoden kann man hoffen, bei der Behandlung von Zahlen in der Größenordnung der Fermatschen Monstren Fortschritte zu machen.

Zwischen 1880 und 1925 gelang es verschiedenen Mathematikern unter großer Mühe, Teiler für zehn Fermatzahlen zwischen F_5 und F_{73} zu finden. Dabei blieb es dann für die nächsten achtundzwanzig Jahre, bis es *John L. Selfridge* gelang, auf der SWAC – einer modernen elektronischen Rechenmaschine – zwei weitere zu berechnen. 1956 und 1957 fanden *Selfridge* und *Raphael M. Robinson* schließlich auf der gleichen Maschine und mit einem Bruchteil der bisher erforderlichen Arbeit die Teiler von zwanzig Fermatzahlen, von denen die meisten weitaus größer waren als die bisher betrachteten.

Es ist interessant, daß man zwar die Teiler von einigen riesigen F_n kennt, daß aber zwei relativ kleine, nämlich F_7 und F_8, bisher allen Zerlegungsversuchen widerstanden haben, obgleich man seit über fünfzig Jahren weiß, daß sie zusammengesetzt sind. Aber schließlich ist schon F_7 eine 39-stellige Zahl, und ihre Teiler – wie immer sie sonst auch aussehen mögen – sind mindestens zehnstellig. Weder für F_7 noch für F_8 gibt es einen Teiler, der kleiner wäre als $2^{32} = 4\,294\,967\,296$.

□

Man hat sich verschiedentlich gefragt, wieviele Primzahlen der Form $(10^n - 1)/9$ es gibt. Diese Zahlen bestehen, wie man leicht sehen kann, aus einer ununterbrochenen Reihe von Einsen. Bis jetzt sind als Werte von n, für die sich Primzahlen ergeben, nur 1, 2, 19 und 23 bekannt. Sie liefern die 1, die 11 und Zahlen, die aus neunzehn bzw. dreiundzwanzig Einsen bestehen. Vielleicht gibt es keine weiteren n, für die diese Formel Primzahlen erzeugt, vielleicht gibt es aber auch unendlich viele. Über das Gesagte hinaus kennen wir nicht mehr als eine unvollständige Liste von Fällen, in denen man eine zusammengesetzte Zahl bekommt.

□

Eine einfache Formel, mit deren Hilfe wir einige Primzahlen X finden können, ist:

$$X = n^2 - n + 41$$

Für alle n, die kleiner als 41 sind, ist X eine Primzahl. $n = 41$ jedoch ergibt $X = 41^2$, und diese Zahl ist zweifelsohne zusammengesetzt. Aus dem gleichen Grunde gilt für alle Polynome von n mit einer Konstanten, die größer als 1 ist, daß sie von einem gewissen Punkt ab keine Primzahlen mehr liefern. Man könnte zu der Annahme kommen, unsere Formel funktioniere gut bis 41, weil 41 selbst eine Primzahl ist. Man würde dann mit ihrer Hilfe nur eine andere Primzahl p suchen müssen, die größer als 41 ist, und sie in eine neue Formel einsetzen:

$$X = n^2 = n + p\,,$$

um so neue Primzahlen zu erzeugen. Da das Verfahren wiederholbar ist, käme man so zu einem unerschöpflichen Vorrat von Primzahlen – wenn es funktionierte. Das tut es jedoch nicht. Unsere Annahme ist falsch. 7 ist eine Primzahl, aber

$$X = n^2 - n + 7$$

erzeugt keineswegs nur Primzahlen für alle n, die kleiner als 7 sind. Wenn $n = 2$, ist $X = 9$. Man kann viele solche Gegenbeispiele finden. Scheinbar gibt es keinen vernünftigen Grund, warum gerade diese Gleichung bis $n = p$ Primzahlen erzeugt, wenn $p = 41$ ist.

□

Die *Binomialkoeffizienten* sind die Ziffern, die beim Ausrechnen der Ausdrücke von der Form $(a + b)^n$ auftreten. Multiplizieren wir $(a + b)^2 = (a + b)(a + b)$ aus, erhalten wir $a^2 + 2ab + b^2$. Wenn man das Ergebnis noch einmal mit $(a + b)$ multipliziert, ergibt sich $(a + b)^3 = a^3 + 3a^2b + 3ab^2 + b^3$. Das Bildungsgesetz dieser Koeffizienten wird bereits sichtbar. Wir können das numerische Skelett von $(a^3 + 3a^2b + 3ab^2 + b^3)(a + b)$ etwa so niederschreiben:

$$
\begin{array}{r}
1\ 3\ 3\ 1 \cdot 11 \\
\hline
1\ 3\ 3\ 1 \\
1\ 3\ 3\ 1 \\
\hline
1\ 4\ 6\ 4\ 1
\end{array}
$$

Aus jeder Zeile können wir mit Leichtigkeit die nächste erzeugen:

$$
\begin{array}{r}
1\ 4\ 6\ 4\ 1 \\
1\ 4\ 6\ 4\ 1 \\
\hline
1\ 5\ 10\ 10\ 5\ 1
\end{array}
$$

$$
\begin{array}{ccccccccccc}
 & & & & & 1 & & 1 & & & \\
 & & & & 1 & & 2 & & 1 & & \\
 & & & 1 & & 3 & & 3 & & 1 & \\
 & & 1 & & 4 & & 6 & & 4 & & 1 \\
 & 1 & & 5 & & 10 & & 10 & & 5 & & 1 \\
1 & & 6 & & 15 & & 20 & & 15 & & 6 & & 1 \\
\end{array}
$$

$$
\begin{aligned}
&1\quad 6\quad 15\quad 20\quad 15\quad 6\quad 1 \\
&1\quad 7\quad 21\quad 35\quad 35\quad 21\quad 7\quad 1 \\
&1\quad 8\quad 28\quad 56\quad 70\quad 56\quad 28\quad 8\quad 1 \\
&1\quad 9\quad 36\quad 84\quad 126\quad 126\quad 84\quad 36\quad 9\quad 1
\end{aligned}
$$

Bild 24

Dieses halbanschauliche Argument gestattet uns, soviele Zeilen des *Pascalschen Dreiecks* der Binomialkoeffizienten niederzuschreiben, wie wir brauchen. In der n-ten Reihe stehen die Koeffizienten von $(a + b)^n$ (Bild 24).

Man erhält jede gesuchte Zahl, wenn man einfach die links und rechts über ihr stehenden addiert.

Bei der Untersuchung der Primzahlen stößt man auf eine merkwürdige und leicht beweisbare Tatsache: n teilt alle Zahlen in der n-ten Reihe des Pascalschen Dreiecks (die erste und die letzte ausgenommen) dann und nur dann, wenn n eine Primzahl ist. Z. B. teilen 5 und 7 jede Zahl der ihnen entsprechenden Reihe, 8 und 9 hingegen nicht. Wir haben es hier mit einem theoretisch vollkommenen Test für die Primzahleigenschaft zu tun – der allerdings praktisch nutzlos ist, weil bei großen Zahlen das Durchprüfen sämtlicher Binomialkoeffizienten einen weit größeren Arbeitsaufwand erfordern würde als die Anwendung primitiverer Methoden.

Das soeben ausgesprochene Theorem betrifft diejenigen n des Pascalschen Dreiecks, die Primzahlen sind. Wie aber steht es mit den zusammengesetzten Zahlen? – Auf den Zeilen, die einem zusammengesetzten n entsprechen, sind *einige* Koeffizienten durch n teilbar und andere nicht. Und welche sind das? – Eine systematische Antwort auf diese interessante Frage ist nicht bekannt.

□

Wie viele Primzahlen gibt es, die kleiner sind als eine gegebene Zahl? Niemand weiß es, obgleich es höchst wünschenswert wäre, eine Formel zu besitzen, die eine exakte Berechnung erlaubt. Man weiß seit 1896, daß die Anzahl der Primzahlen $< N$ gegen $N/\ln N$ strebt, wenn N sehr groß wird (wobei „ln" den „natürlichen Logarithmus" mit der Basis e bezeichnet). Das bedeutet, für große N strebt die Wahrscheinlichkeit, daß eine willkürlich gewählte ganze Zahl in der „Nachbarschaft von N" eine Primzahl ist, gegen $1/\ln N$, eine Größe, die unter dem Namen *asymptotische Dichte* bekannt ist.

1742 wurde *Leonhard Euler* von einem Mann namens *Goldbach* gefragt, ob er die folgende Vermutung beweisen oder widerlegen könne: Jede gerade Zahl > 2 kann auf wenigstens eine Weise als die Summe zweier Primzahlen dargestellt werden. Z. B.: $8 = 5 + 3$. (In manchen Fällen gibt es mehrere Darstellungsweisen; z. B.: $48 = 7 + 41 = 11 + 37 = 17 + 31 = 19 + 29$.)

Euler konnte weder beweisen, daß dies für alle geraden Zahlen gilt, noch konnte er ein Gegenbeispiel finden. Die Goldbachsche Vermutung ist bis heute unentschieden geblieben.

Es gibt sogenannte *Primzahlzwillinge:* Ist p eine Primzahl, dann ist auch $p + 2$ eine Primzahl. Beispiele: $(11, 13)$ und $(29, 31)$. Es scheint, daß diese Zwillinge über das gesamte Zahlensystem verstreut vorkommen. Man glaubt, daß es unendlich viele von ihnen gibt. Das ist aber auch schon alles, was wir über sie sagen können.

Der einzig mögliche Weg, eine Tafel aller Primzahlen, die kleiner sind als N, zu konstruieren, ist ein Verfahren, das als *Sieb des Eratosthenes* bekannt ist. Zunächst schreibt man alle Zahlen bis einschließlich N auf. Dann streicht man alle Vielfachen von 2 (außer 2 selber), alle Vielfachen von 3 (außer 3), alle Vielfachen von 5, und so fort. 5 kommt nicht etwa deshalb nach drei, weil es die nächste Primzahl ist (es wird ja vorausgesetzt, daß wir das vorerst noch nicht wissen), sondern weil es die nächste Zahl ist, die noch auf der Tafel steht: 4 ist bereits als Vielfaches von 2 gestrichen worden. Auf diese Weise fallen alle zusammengesetzten Zahlen durch das Sieb, und es bleibt eine Liste der Primzahlen $\leq N$ übrig.

1956 haben *S. M. Ulam* und andere eine Tafel der von ihnen so genannten „Glückszahlen" aufgestellt, bei der sie ein anderes Sieb verwendet haben. Bild 25 zeigt die Glückszahlen bis 100. (Die Zahl der Streichungen zeigt an, bei welchem Konstruktionsschritt eine Zahl eliminiert worden ist.)

1	3	~~5~~	7	9	~~11~~	13	15	~~17~~	~~19~~	
21	~~23~~	25	~~27~~	~~29~~	31	33	~~35~~	37	~~39~~	
~~41~~	43	~~45~~	~~47~~	49	51	~~53~~	~~55~~	~~57~~	~~59~~	
~~61~~	63	~~65~~	67	69	~~71~~	73	75	~~77~~	79	
~~81~~	~~83~~	~~85~~	87	~~89~~	~~91~~	93	95	~~97~~	99	Bild 25

„Wir streichen jede zweite ganze Zahl, d. h. alle geraden Zahlen. Die erste Zahl, die übrigbleibt (abgesehen von der 1, die nicht zählt) ist 3. Von nun an streichen wir jede *dritte* Zahl, wobei wir nur die zählen, die nach dem ersten Schritt übriggeblieben sind. D. h., wir streichen diesmal 5, 11, 17 usw. Von den verbleibenden Zahlen ist 7 die erste, die bisher noch nicht verbraucht worden ist. Also streichen wir nunmehr jede siebente Zahl des noch verbliebenen Rests. Dadurch werden 19, 39, 61 usw. eliminiert. Wir fahren auf diese Weise *ad infinitum* fort. Die Zahlen, die übrigbleiben, sind die Glückszahlen 1, 3, 7, 9, 13 . . .

Es stellt sich heraus, daß viele asymptotische Eigenschaften der Folge der Primzahlen von den Glückszahlen geteilt werden. So beträgt zum Beispiel ihre asymptotische Dichte ebenfalls $1/\ln N$. Das Vorkommen von Primzahlzwillingen und Glückszahlzwillingen weist bis $n = 100\,000$ – das ist der Bereich, den wir auf der Maschine durchgeprüft haben – bemerkenswerte Ähnlichkeiten auf. ... Außerdem gilt, daß in dem untersuchten Bereich jede gerade Zahl die Summe zweier Glückszahlen ist" (d. h. ein Gegenstück der Goldbachschen Vermutung).

Diese Feststellungen werfen ein neues Licht auf die Primzahlen. Daß so viele Eigenschaften, von denen man bisher dachte, sie kämen ausschließlich Primzahlen zu, auch von den Glückszahlen geteilt werden, nimmt den Primzahlen etwas von ihrem Geheimnis und vielleicht auch von ihrer Wichtigkeit. Wenn diese Eigenschaften nur darauf zurückzuführen sein sollten, daß die Primzahlen durch ein Sieb erzeugt werden, und nicht etwa auf ihrem Primzahlcharakter beruhen, dann haben viele Zahlentheoretiker ohne Zweifel in der falschen Richtung gesucht. Man kann jedoch auf keinen Fall sagen, daß die Primzahlen keine besondere Rolle in der Zahlentheorie spielten, denn auf ihnen beruht nach wie vor ein umfangreicher, wichtiger und interessanter Teil dieses Zweiges der Mathematik. Aber es ist halt so, daß sich der überwältigende Eindruck eines Berggipfels vermindert, wenn wir entdecken, daß es noch andere gibt, die ebenso hoch sind.

Ulam hat übrigens auch die Folge 1, 2, 3, 4, 6, 8, 11, 13, 16, 18, 26, ... betrachtet, die nach der folgenden Regel gebildet wird: Streiche aus der Folge der natürlichen Zahlen (nach 1 und 2) alle außer denen, die auf eine und nur eine Weise durch Addition zweier voraufgehender Zahlen der Folge gebildet werden können. Nach dieser Regel wird eine Zahl also dann disqualifiziert, wenn sie auf zu viele verschiedene Weisen gebildet werden kann – wie etwa 5 –, oder weil sie überhaupt nicht durch Addition zweier voraufgehender Zahlen erzeugt werden kann – wie etwa 23. Frage: Welches ist die asymptotische Dichte dieser Folge?

Es gibt gewisse Primzahlpaare – z. B. (13, 31) und (1229, 9221) – bei denen jede die „Umkehrung" der anderen ist. Vielleicht sollte man hier auch noch die sogenannten palindromischen Primzahlen wie 151 als Umkehrungen ihrer selbst mitzählen. Gibt es unendlich viele solcher Paare? Und wenn ja, welches ist ihre asymptotische Dichte?

$\square$

Nehmen wir an, wir wollten die dekadische Entwicklung für 1/13 finden, indem wir 1 durch 13 dividieren. Ich hoffe, daß der Leser noch leidlich beweglich im Kopfrechnen ist und sich ein wenig an das große Einmaleins erinnert, damit wir uns die umständliche schriftliche Rechnung sparen können. Wir erweitern 1 auf 10 und auf 100 und verbrauchen damit die Stelle vor und die erste Stelle nach dem Komma. $100 : 13 = 7$, Rest 9; $90 : 13 = 6$, Rest 12; usw. Wir kommen so zu dem Ausdruck:

$$\frac{1}{13} = 0{,}076\,923\,076$$

1/13 führt also zu einer dekadischen Entwicklung, die *periodisch* ist und die Periodenlänge 6 hat. Das wird plausibel, wenn wir die Folge der Reste 9, 12, 3, 4, 1, ... betrachten: Wir kommen an der fünften Stelle zu einer 1, die wir erweitern müssen, womit die Ausgangssituation wiederhergestellt ist. Die Wiederholung hätte nicht unbedingt an der siebenten Stelle einsetzen müssen, aber sie hätte spätestens an der dreizehnten Stelle einsetzen müssen, weil bis dahin alle Reste, die kleiner als 13 sind, verbraucht worden wären. Aus der Natur des Divisionsprozesses ergibt sich also, daß jeder gewöhnliche Bruch $1/n$ zu einem periodischen Dezimalbruch mit einer Periodenlänge von höchstens $n - 1$ wird. Sobald wir zu einem Rest kommen, den wir schon einmal gehabt haben, wiederholt sich der ganze Prozeß.

Wenn wir $n - 1$ als „maximale Periode" bezeichnen, stellt sich ganz zwanglos die Frage: Gibt es ganze Zahlen n, deren Kehrwerte $1/n$ maximale dekadische Perioden haben, und welche sind es? Es gibt sie, und die erste ist 7:

$$\frac{1}{7} = 0{,}14\,285\,714 \ldots$$

Man kann feststellen, daß vor der Wiederholung alle möglichen Reste (3, 2, 6, 4, 5, 1) verbraucht werden.

Es gibt gegenwärtig keine einfache Methode, festzustellen oder vorauszusagen, welche $1/n$ maximale Perioden haben. Wir wissen, daß 17 die nächste Zahl nach 7 ist, die einen Kehrwert mit maximaler Periode hat. Daß n eine Primzahl ist, ist eine notwendige Bedingung. Sie ist jedoch nicht hinreichend, wie wir bei $n = 13$ festgestellt haben. Die maximalen n sind scheinbar willkürlich unter den Primzahlen verstreut. Man würde erwarten, daß sie sich bei wachsendem n „verdünnen", d. h. daß sie dann selbst unter Primzahlen verhältnismäßig selten werden. Nach dem Stand unseres Wissens können wir nicht entscheiden, ob dies der Fall ist. Ungefähr ein Drittel der ersten auftretenden Primzahlen ist in diesem Sinne „maximal", und dieser Anteil bleibt bei allen Primzahlen unter 1000 einigermaßen konstant. Es ist mir nicht bekannt, ob man dieses Verhältnis bei größeren Primzahlen nachgeprüft hat. Sollte sich aber herausstellen, daß das Verhältnis der Anzahl maximaler n zur Anzahl primer n im gleichen Intervall bei wachsendem N tatsächlich gegen einen festen Wert $\neq 0$ strebt, dann haben wir hier eine Klasse von Zahlen vor uns, deren asymptotische Dichte zwar nicht gleich aber proportional $1/\ln N$ ist.

$\square$

Es gibt noch ein weiteres Problem über Primzahlen, das wir hier erwähnen wollen: Gibt es zwischen jedem Paar aufeinanderfolgender Quadratzahlen immer wenigstens eine Primzahl? Gibt es also beispielsweise eine Primzahl zwischen 100 und 121, zwischen 625 und 676, usw.? Die asymptotische Dichte der ganzzahligen Quadrate ist $1/2\,\sqrt{N}$. Der Wert dieses Ausdrucks wird ziemlich rasch erheblich kleiner als $1/\ln N$. Die *Wahrscheinlichkeit*, daß sich zwei Quadratzahlen in einer Lücke der Primzahlenfolge befinden, tendiert mit wachsendem N gegen Null. Aber danach haben wir ja nicht gefragt. Wie üblich ist eine spezifische Frage über Primzahlen auch in diesem Falle weitaus schwieriger zu beantworten als eine Frage über Wahrscheinlichkeiten oder Verteilungen. Alle Versuche, Gebilde wie die ganzzahligen Quadrate zu den Primzahlen in eine Beziehung zu setzen, sind bisher gescheitert.

$\square$

Das Symbol $n!$ (n-Fakultät) bezeichnet das Produkt aller ganzen Zahlen bis einschließlich n. Z. B.: $4! = 1 \cdot 2 \cdot 3 \cdot 4 = 24$. $n! + 1$ ist eine Quadratzahl, wenn $n = 4, 5$ oder 7 ist. Man vermutet, daß dies die einzigen Werte von n sind, die diese Eigenschaft besitzen. 1950 wurde ein vorläufiger Beweis dafür geliefert; aber es stellte sich heraus, daß er einen versteckten Fehler enthielt und damit ungültig war. Offenbar lassen sich die Quadratzahlen zu den Fakultäten ebenso schwer in Beziehung bringen wie zu den Primzahlen.

$\square$

Einige Zahlen – wie $13 = 9 + 4$ und $17 = 16 + 1$ – lassen sich als Summe zweier Quadrate darstellen. Für andere, etwa 7, braucht man vier Quadrate: $7 = 4 + 1 + 1 + 1$. Es gibt keine Summe aus weniger Quadratzahlen, weil zwischen 1 und 4 keine zur Verfügung stehen. *Fermat* hat bewiesen, daß es möglich ist, jede – beliebig große – positive ganze Zahl als Summe von höchstens vier Quadraten darzustellen; es gibt keine ganze Zahl, für die man fünf oder mehr Quadrate brauchte.

Gibt es entsprechend eine größte notwendige und hinreichende Anzahl für Summen aus Kubikzahlen, vierten Potenzen? Man bezeichnet dieses Problem nach seinem Entdecker als das *Waringsche Problem*. Vor einigen Jahren ist bewiesen worden, daß jede Zahl als Summe von höchstens neun Kubikzahlen dargestellt werden kann. Die Darstellung von 23 erfordert genau neun: $23 = 8 + 8 + 1 + 1 + 1 + 1 + 1 + 1 + 1$.

Die Situation ändert sich, wenn man auch negative Zahlen zuläßt. Nach *Mordell* läßt sich leicht beweisen, daß dann jede Zahl als Summe von höchstens fünf (positiven oder negativen) Kuben dargestellt werden kann. Darüber hinaus gibt es eine unbewiesene Vermutung, daß schon vier hinreichend sind. 23 z. B. läßt sich jetzt als $8 + 8 + 8 - 1$ darstellen.

Man braucht 19 vierte Potenzen, wenn man 79 als Summe von vierten Potenzen darstellen will, und es wird vermutet, daß 19 die Antwort auf das Waringsche Problem für die vierte Potenz ist. Das Problem hat sich als sehr schwierig erwiesen, aber die Ergebnisse von *Hardy* und *Littlewood* deuten auf 19. Für höhere Potenzen ist noch weniger bekannt.

□

Nach *Euklid* ist eine Zahl vollkommen, wenn sie gleich der Summe ihrer Teiler ist, wie etwa $1 + 2 + 3 = 6$. Die Zahl selber darf dabei natürlich nicht als Teiler gerechnet werden, weil es sonst keine vollkommenen Zahlen geben könnte. Acht galt früher als eine mangelhafte Zahl, weil $1 + 2 + 4 < 8$; während eine Zahl wie 12 überschüssig war: $1 + 2 + 3 + 4 + 6 > 12$. Als die Zahlentheorie noch in ein Gewirr von Zahlenmagie und -mystik verstrickt war, kam der „Vollkommenheit" oder „Unvollkommenheit" einer Zahl noch eine tiefere Bedeutung als die eines bloßen Namens zu. Die Verbindung von Eigenschaften, wie „glückbringend", „unheilbringend" und „heilig" mit Zahlen zieht sich durch die ganze Menschheitsgeschichte und steht uns selbst noch näher, als wir gerne zugeben möchten. Hat nicht die Sieben immer noch etwas vom siebenten Schöpfungstage, dem Sabbat, an sich, und gilt die 13 nicht als böses Vorzeichen?

Alle vollkommenen Zahlen, die bis heute bekannt sind, haben die Form $2^{k-1}(2^k - 1)$, wobei $2^k - 1$ eine Mersennesche Primzahl ist. Wir haben bereits gesehen, daß uns kein allgemeines Verfahren zur Verfügung steht, nach dem wir entscheiden könnten, ob Mersennezahlen – die ihrerseits ja schon sehr rasch groß werden – prim sind. Die Schwierigkeit, weitere vollkommene Zahlen zu finden, wird dadurch noch vergrößert. Wir wissen nur, daß jede gerade vollkommene Zahl die angegebene Form besitzt; aber es ist nicht bekannt, ob es auch ungerade vollkommene Zahlen gibt. Außerdem wissen wir nicht, ob es nur endlich viele oder unendlich viele vollkommene Zahlen gibt. Im Rahmen der gegenwärtigen Mathematik scheinen diese Fragen nicht mehr sehr dringlich zu sein; es handelt sich bei ihnen mehr oder minder um historische Kuriositäten.

Leo Moser von der Universität Alberta hat 1949 bewiesen, daß jede Zahl, die größer als 83 160 ist, als Summe zweier überschüssiger Zahlen dargestellt werden kann. Einige kleinere Zahlen können nicht so gebildet werden. Weil 12 die kleinste überschüssige Zahl ist, kann auf alle Fälle keine Zahl unter 24 so dargestellt werden. Welches ist die größte ganze Zahl, die nicht so gebildet werden kann? Dieses Problem ist für gerade Zahlen vollständig gelöst: 26, 28, 34 und 46 sind die einzigen geraden Zahlen > 24, die nicht als Summe zweier überschüssiger Zahlen darstellbar sind. Bei den ungeraden Zahlen liegen die Dinge anders. Weil 945 die kleinste ungerade überschüssige Zahl ist, kann *keine* ungerade Zahl unter 957 auf die gewünschte Weise dargestellt werden. Die größte nicht so darstellbare Zahl muß also irgendwo zwischen 957 und 83 160 liegen. Man braucht nur ein passendes Sieb oder ein anderes Verfahren zu konstruieren, um sie herauszufinden. Verglichen mit dem Arbeitsaufwand, den das Hantieren mit großen Zahlen bei anderen zahlentheoretischen Fragen erfordert, ist dies ein höchst bescheidenes Ansinnen. Mir ist nicht bekannt, ob man inzwischen der Lösung schon nähergekommen ist.

☐

Seit ihrem Erscheinen im Jahre 1920 gilt *Eugene L. Dicksons* große dreibändige *History of the Theory of Numbers* (Geschichte der Zahlentheorie) als Standardwerk. Sie faßt alle bis dahin veröffentlichten Beiträge zu diesem Zweig der Mathematik zusammen. Es gibt das geflügelte Wort „Wenn es nicht bei *Dickson* steht, ist's keine Zahlentheorie". Im Kapitel 22 des zweiten Bandes diskutiert *Dickson* das Problem, wie man Zahlen finden kann, die auf zwei verschiedene Weisen in eine Summe von zwei vierten Potenzen zerlegbar sind. 17 ist z. B. nur auf eine Weise so zerlegbar:

$$17 = 1^4 + 2^4 \, .$$

Es sind verschiedene Lösungen dieses Problems bekannt, und *Dickson* bemerkt, daß

$$635\,318\,657 = 158^4 + 59^4 = 133^4 + 134^4$$

die kleinste zu sein scheint. Es handelt sich dabei um eine unbewiesene Vermutung. Ich war deshalb nicht wenig überrascht, als einer meiner Schüler behauptete, er hätte eine wesentlich kleinere Zahl gefunden, bei der es nicht nur zwei, sondern sogar drei solche Zerlegungen gebe! Es stellte sich heraus, daß er mir einen mathematischen Streich gespielt und das Problem so erweitert hatte, daß auch die Zerlegung in *Gaußsche Zahlen* zugelassen wurde. Bei den Gaußschen Zahlen handelt es sich um Zahlen der Form $a + b\,i$, wobei a und b gewöhnliche ganze Zahlen sind und $i = \sqrt{-1}$ ist. Wenn man das macht, gilt:

$$82 = 1^4 + 3^4 = (2\,i - 5)^4 + (2\,i + 5)^4 \, .$$

Er konnte darüber hinaus beweisen, daß 82 die kleinste natürliche Zahl ist, die sich in zwei wesentlich voneinander verschiedene Summen vierter Potenzen zerlegen läßt. Dagegen sind die Zerlegungen von 17, die einem sofort einfallen, wie etwa $i^4 + 2^4$ und $i^4 + (2\,i)^4$, nicht wesentlich von $1^4 + 2^4$ verschieden.

□

Das Gebiet der *Diophantischen Gleichungen*, d. h. solcher Gleichungen, für die nur ganzzahlige Lösungen gesucht werden, ist voll von schwierigen Problemen, mit denen man Zahlenfanatiker in Bewegung halten kann. So gilt z. B.: $3^2 + 4^2 = 5^2$ und $3^3 + 4^3 + 5^3 = 6^3$. Aber das ist sozusagen „reiner Zufall". $3^4 + 4^4 + 5^4 + 6^4 = 7^4$ gilt nämlich nicht. Das führt uns auf die Frage, ob es noch *irgendwelche* anderen Zahlen a, k und m gibt, für die gilt:

$$a^m + (a + 1)^m + \ldots + (a + k)^m = (a + k + 1)^m \, .$$

Das Problem ist noch erweitert worden. Das Gleichungssystem

$$a^3 + b^3 + c^3 + d^3 = x + y + z$$
$$a^6 + b^6 + c^6 + d^6 = x^2 + y^2 + z^2$$
$$a^3 + b^3 + c^3 = d^3$$

besitzt die Lösung $a = 3$, $b = 4$, $c = 5$, $d = 6$, $x = 91$, $y = 152$, $z = 189$. Ist dies die einzige Lösung, oder kann man einen allgemeinen Ausdruck für die ganzzahligen Lösungen finden?

Eine andere Frage, die schwer in den Griff zu bekommen ist: Hat die Gleichung:

$$m\,(m + 1)\,(m + 2) = n\,(n + 1)\,(2\,n + 1)$$

eine positive, ganzzahlige Lösung (außer der trivialen $m = n = 1$)?

□

Es folgen nun einige typische diophantische Probleme, deren Lösung nicht bekannt ist.

1. Gibt es unendlich viele Primzahlen der Form $n^2 + 1$? Man findet die ersten, wenn man $n = 1, 2, 4, 6, 10, 14, 16, 20$ setzt. Die gleiche Frage kann für Zahlen der Form $n! + 1$ gestellt werden. Man beachte, daß keine dieser Fragen mit unserer früheren Frage bezüglich $n! + 1$ identisch ist. Ein weitaus schwierigeres (und nichtdiophantisches) Problem würde sich ergeben, wenn die Antwort auf unsere beiden Fragen „ja" wäre und man die Frage anschlösse: Welches ist die asymptotische Dichte (a) der Menge von Zahlen der entsprechenden Form und (b) der Menge der erzeugenden n?

2. Gibt es drei ganze Zahlen, deren Produkt gleich der dritten Potenz ihrer Summe ist? Mit anderen Worten: besitzt die Diophantische Gleichung

   $$(x + y + z)^3 = x\,y\,z$$

   eine Lösung? – Man darf hier nicht vergessen, daß auch negative ganze Zahlen zugelassen sind. Dieses Problem sieht lächerlich einfach aus, ist aber schon seit einer ganzen Weile ungelöst geblieben.

3. Man weiß, daß die Anzahl der ganzzahligen Lösungen von

   $$x^3 - y^2 = 7$$

   endlich ist; aber wir kennen noch nicht alle Lösungen und wissen nicht einmal, wie viele es sind.

4. Gibt es außer 2^3 und 3^2 noch in der Zahlenreihe aufeinander folgende Zahlen der Form a^b (mit ganzzahligem und positivem a und b)? Man weiß auch nicht, ob es überhaupt *drei* aufeinanderfolgende Zahlen dieser Form gibt.

5. Gibt es unendlich viele Primzahltripel, die Glieder einer arithmetischen Reihe sind, wie 3, 5, 7 und 47, 53, 59?

6. Für welche m hat die Gleichung

$$x^3 + y^3 + z^3 + w^3 = m$$

(positive oder negative) ganzzahlige Lösungen x, y, z, w? – Es handelt sich hier um eine andere Formulierung der auf S. 58 erwähnten Vermutung. Gesucht wird ein Verfahren, das alle m liefert.

7. Selbst wenn man weiß, daß es für ein bestimmtes m eine Lösung für 6. gibt, weiß man noch nicht, ob es nicht für dieses m noch unendlich viele andere Lösungen gibt.

8. Wir können die Vermutung 6. noch verstärken, indem wir fragen, ob es auch dann immer eine Lösung gibt, wenn wir fordern, daß $w = z$. D. h.: Besitzt

$$x^3 + y^3 + 2z^3 = m$$

eine Lösung für jedes m? Das kleinste m, für das man die Lösung nicht kennt – ja nicht einmal weiß, ob eine Lösung existiert – ist 76.

9. Man weiß, daß es bei der Forderung

$$x^3 + y^3 + z^3 = m$$

zwar für gewisse aber keineswegs für alle m eine Lösung gibt. Es ist z. B. nicht bekannt, ob eine Lösung für $m = 30$ existiert.

10. Unter welchen Bedingungen ist – bei beliebigem a und b – die Gleichung

$$x^2 + y^2 + z^2 - axyz = b$$

ganzzahlig lösbar?

11. Gibt es für die Diophantische Gleichung $ax + by = c$, in der a und b relativ prim sind (d. h. außer 1 keinen gemeinsamen Teiler haben), unendlich viele Lösungen, bei denen x und y Primzahlen sind?

12. Wenn die Antwort auf 11. „ja" lautet: Gilt dies dann auch für den Fall, in dem $a = 1$, $b = -1$ und $c = 2$ ist? – Es handelt sich hier natürlich um die *Goldbachsche Vermutung*.

13. Die Gleichung $x^4 + y^4 + 64 = z^4$ besitzt die Lösungstripel (x, y, z): (1, 2, 3), (7, 8, 9), (21, 36, 37). Gibt es noch andere? Unendlich viele? Und gibt es welche, bei denen $z - y = 1$?

14. Vermutung: Wenn p eine Primzahl und kongruent 3 modulo 4 ist (d. h.
3 als Rest übrigbleibt, wenn sie durch 4 geteilt wird), und wenn U der
Wert von x in der am wenigsten primitiven Lösung der Diophantischen
Gleichung $y^2 = p x^2 + 1$ ist, dann ist U nie ohne Rest durch p teilbar.

Beispiele:
$$4 = 3 \cdot 1^2 + 1 ,$$
$$64 = 7 \cdot 3^2 + 1 .$$

Diese Vermutung ist für alle $p < 18\,000$ verifiziert, aber niemals bewiesen worden.

Man könnte diese Liste beliebig lange fortsetzen. Wer sich für Diophantische Gleichungen interessiert, findet hier – wie bei den meisten schwierigen Gebieten – ein weites Tätigkeitsfeld.

□

$f(x, y)$ sei eine allgemeine kubische Gleichung mit den Unbekannten x und y und rationalen Koeffizienten. Es ist kein allgemeines Verfahren bekannt, mit dessen Hilfe man eine rationale Lösung dieser Gleichung finden könnte – d. h. einen Kurvenpunkt, dessen Koordinaten rationale Zahlen sind.

H. *Davenport* hat bewiesen, daß eine homogene kubische Gleichung mit n Variablen, $f(x_1, x_2, \ldots x_n) = 0$, stets ganzzahlige Lösungen $\neq 0$ besitzt, wenn $n \geq 29$. Dies ist jedoch wahrscheinlich nicht der kleinste mögliche Wert von n. *Davenport* vermutet, daß 10 es sein könnte.

□

Gibt es ein rechtwinkliges Parallelepiped (eine Schachtel), dessen Kanten und Seitendiagonalen sämtlich ganzzahlig sind, und dessen Hauptdiagonale ebenfalls ganzzahlig ist? – Dies ist ein Diophantisches Problem, eine Art Verallgemeinerung des Satzes von Pythagoras.

□

Es ist oft schwierig, einzelne Zahlen für sich zu betrachten, weil man an ihnen keine bekannte Gestalt oder Regelmäßigkeit entdeckt. Das ist vermutlich auch der Grund, warum man umfangreichere Probleme meist reizvoller findet. Ein typisches Beispiel für die Zahlenprobleme, die ich hier meine, ist die folgende Frage: Ist $2^7 = 128$ die einzige zwei- oder mehrstellige Potenz von 2, bei der jede Stelle selber eine Potenz von 2 ist? (Wie man sich erinnert, ist $1 = 2^0$.) Professor *R. J. Walker*, der dieses Problem formuliert hat, gibt einen Hinweis für Interessenten: Es ist nicht möglich, eine positive ganze Zahl r zu finden, die so groß wäre, daß es keine Potenz von 2 gäbe, deren letzte r Stellen sämtlich Potenzen von 2 sind. Im Gegenteil, für alle r gibt es Potenzen von 2, bei denen an den r letzten Stellen nur 1 oder 2 vorkommt.

Man beginne mit $a_0 = 1$ und $a_1 = 1$ und bilde weitere Glieder der Folge nach der Regel $a_{n+1} = a_n + a_{n-1}$: diese Vorschrift erzeugt die berühmte *Fibonaccische Zahlenfolge*

$$1, 1, 2, 3, 5, 8, 13, 21, 34, 55, 89, 144, 233, \ldots$$

Die Betrachtung der Fibonacci-Zahlen führt zu mancherlei interessanten Einsichten.

Man glaubt, daß 144 neben 1 die einzige Quadratzahl in der Fibonacci-Folge ist. Soweit ich weiß, ist diese Annahme niemals bewiesen worden.

Die dritte, fünfte, siebente und dreizehnte Zahl der Folge sind Primzahlen. Deshalb liegt die Vermutung nahe, daß F_n (die n-te Zahl der Fibonacci-Folge) immer dann eine Primzahl ist, wenn n eine Primzahl ist. Leider erweist sie sich bald als unhaltbar: F_{19} ist zusammengesetzt. Es gibt nicht nur kein Verfahren, nach dem man voraussagen könnte, welche F_n prim sind, man weiß nicht einmal, ob es unendlich oder nur endlich viele Primzahlen unter ihnen gibt. Und wenn es unendlich viele gibt: Welches ist ihre asymptotische Dichte?

6. Topologische Probleme

Zahlen sind wie alte Freunde: Wir sind mit ihnen aufgewachsen und bekommen sie jeden Tag zu sehen. Sie sind ein Stück unseres Lebens geworden. Obgleich es sich bei Zahlen in Wirklichkeit um ziemlich abstrakte Gebilde handelt, verstehen wir sie auf Grund langjähriger Übung und Vertrautheit recht gut.

Bei der Topologie aber liegen die Dinge ganz anders. Auch topologische Verhältnisse begegnen uns jeden Tag, aber wir befassen uns ganz gedankenlos mit ihnen, ohne eine systematische Sprache und die entsprechenden Techniken auszubilden, wie bei den Zahlen. Jeder von uns weiß, daß ein linker Handschuh nicht auf die rechte Hand paßt. Warum paßt dann aber ein Telefonhörer, dessen Krümmung der zwischen Mund und Ohr angepaßt ist, auf beide Seiten des Gesichts? Warum ergeben einige Konfigurationen einer Schnur Knoten, während es sich bei anderen bloß um Schleifen handelt, die wieder verschwinden, wenn man an der Schnur zieht? Wie hängen die drei Ringe im Firmenzeichen einer bekannten Brauerei zusammen, oder hängen sie gar nicht zusammen? (Bild 26). Kein Ring geht durch einen der

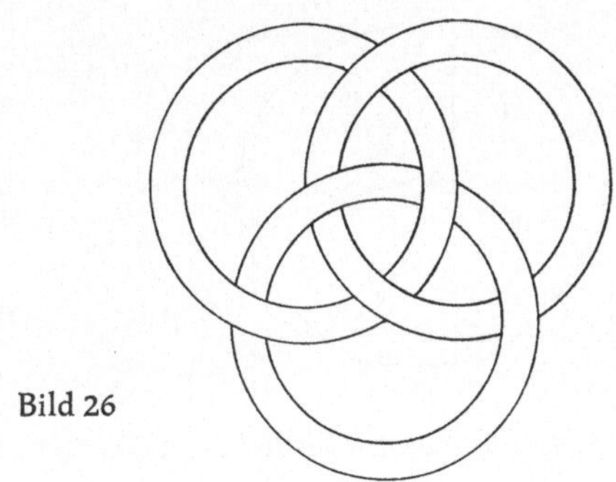

Bild 26

beiden anderen, und doch kann man sie nicht voneinander trennen. Daß für jemanden, der auf dem Nordpol steht, alle Richtungen nach Süden führen, ist ein Mangel unseres üblichen Koordinatensystems. In dem Maße, in dem die Polargebiete wichtiger werden als sie es früher einmal waren, könnte es sich als ratsam herausstellen, ein Koordinatensystem einzuführen, bei dem solche Phänomene an keinem Punkt der Erde auftreten. Ist es möglich, ein solches System zu finden?

Dies alles sind topologische Fragen, und man hat erst vor relativ kurzer Zeit damit begonnen, sie zu formulieren und mathematisch zu bearbeiten. Die

Topologie ist im wesentlichen im zwanzigsten Jahrhundert entwickelt worden. Man dürfte also erwarten, daß es in ihr eine Fülle ungelöster Probleme gibt. Das ist auch vollkommen richtig. Einige dieser Fragen sind einfach zu stellen, aber für die meisten von ihnen bedarf es einer eigenen Sprache, die es überhaupt erst möglich macht, die Probleme sinnvoll zu formulieren. Diese Sprache aber ist – anders als beim Zahlensystem – den meisten von uns nicht vertraut.

Das älteste und bekannteste ungelöste Problem der Topologie ist auch am einfachsten zu erklären. Es handelt sich um den berühmten Vierfarbensatz. Bei der Herstellung von Landkarten möchte man vermeiden, daß zwei Länder mit einer gemeinsamen Grenze in derselben Farbe erscheinen. Wenn sie sich allerdings nur in einem Punkt berühren, wie a und c in Bild 27, gilt dies nicht als gemeinsame Grenze, weil es dann nicht weiter verwirrend wäre, wenn man die beiden Flächen gleich färbte. Für einige Landkarten – etwa die von Bild 28 – braucht man vier Farben. Wenn man annimmt, daß diese Karte eine Insel darstellt, kann man den Ozean entweder außer acht lassen oder in der gleichen Farbe wie b darstellen. In beiden Fällen sind nicht mehr als vier Farben erforderlich. Drei reichen allerdings nicht aus.

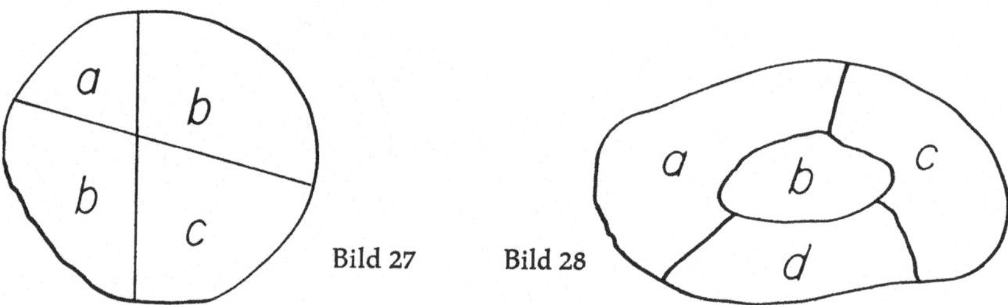

Bild 27   Bild 28

Unsere Frage ist: Gibt es Landkarten, für die man fünf Farben braucht? Es sind keine bekannt; aber andererseits gibt es auch keinen Beweis, daß vier Farben immer ausreichen. (Während man weiß, daß *fünf* Farben auf jeden Fall genügen.) Beim gegenwärtigen Stand der Behandlung des Problems kann man zeigen, daß für keine Karte, die weniger als 35 verschiedene Regionen enthält, mehr als vier Farben erforderlich sind. Wenn es also Fünffarbenkarten geben sollte, muß es sich um recht komplizierte Gebilde handeln.

Martin Gardner, dessen monatlichen Beiträgen im *Scientific American* seit 1957 wir viele amüsante Probleme zu verdanken haben, hat in der humoristischen Science-Fiction-Geschichte „Die Insel der fünf Farben", die er

1952 geschrieben hat, einen Fehler begangen, der nicht ohne Folgen geblieben ist. Er drückt sich dort nämlich so aus, als ob der Vierfarbensatz behauptete, daß bei fünf Gebieten nicht alle gemeinsame Grenzen mit sämtlichen vier übrigen haben könnten. Das ist wahr, aber leicht zu beweisen und *kein* Äquivalent des Vierfarbensatzes. Die Geschichte ist 1958 noch einmal in Clifton Fadimans „Fantasia Mathematica" nachgedruckt worden. Mr. Gardner hat im *Scientific American* vom September 1960 auf seinen Fehler hingewiesen und (auf S. 218) bemerkt, daß er immer noch von aufgeregten Lesern Beweise für seine Version des Satzes zugeschickt bekommt und ihre Hoffnung, daß sie damit das klassische Problem gelöst hätten, enttäuschen muß.

Auf der Kugelfläche sieht das Farbproblem genauso aus wie in der Ebene; aber auf der Oberfläche eines Torus (eines Rettungsringes) liegen die Dinge anders. Wenn die Erde ein Torus wäre, würde man für eine Erdkarte sieben Farben brauchen, aber auch nicht mehr als sieben. Merkwürdigerweise gibt es für diesen, scheinbar doch schwierigeren Satz einen Beweis.

☐

Man sagt, daß zwei Mengen A und B topologisch äquivalent sind, wenn es zwischen allen Elementen von A und allen Elementen von B eine umkehrbar eindeutige und beiderseits stetige Abbildung gibt.

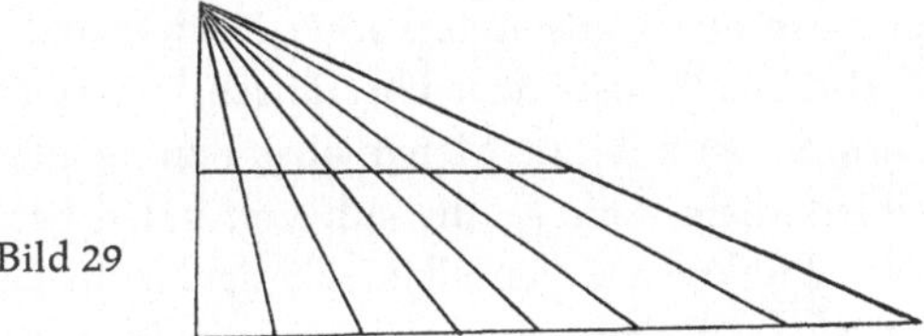

Bild 29

Umkehrbar eindeutig bedeutet hier genau das, was es sagt, nämlich daß es zu jedem Element von A genau ein Element von B gibt, nicht mehr und nicht weniger, und umgekehrt. Man bemerke, daß wir die Elemente dieser Mengen keineswegs *zählen* müssen, um festzustellen, ob eine solche Beziehung zwischen ihnen besteht. Unsere Definition beinhaltet nur, daß diese Beziehung beobachtet werden *kann*. So sind z. B. – wenn A die Menge der Punkte auf einer Strecke von einem Zentimeter Länge und B die Menge der Punkte auf einer Strecke von zwei Zentimetern ist – A und B topologisch äquivalent. Man braucht nur zu zeigen, daß sie umkehrbar eindeutig aufeinander abgebildet werden können, wie man es in Bild 29 sieht. Auf genau die gleiche

Weise ist ein Kreisbogen von einem Zentimeter Länge (ohne seine Endpunkte) das topologische Äquivalent einer unendlich langen Geraden. Bild 30
zeigt, wie jede Gerade, die vom Mittelpunkt des Kreises ausgeht, einen
Punkt des Halbkreises mit einem Punkt der Geraden verbindet. Die Forderung der „beiderseitigen Stetigkeit" beinhaltet – ganz grob gesagt –, daß
jeder Punkt *aus der Umgebung* von P auf einen Punkt in der Umgebung von
P', dem Abbild von P in der zweiten Menge, abgebildet wird. Man kann
diese Definition der Stetigkeit noch weiter präzisieren, was aber für unsere
Zwecke nicht nötig ist.

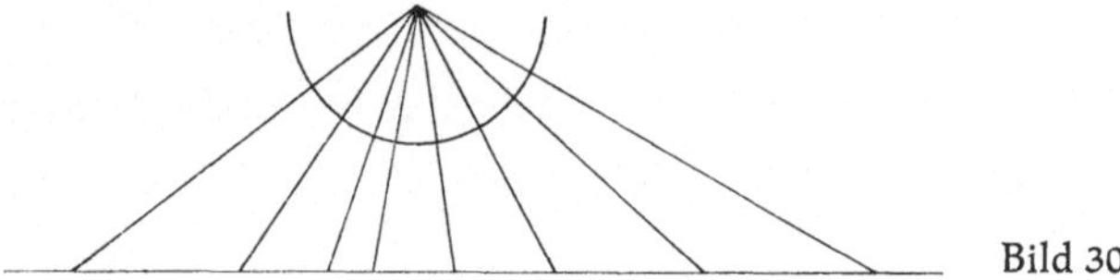

Bild 30

Eine umkehrbar eindeutige Abbildung der beschriebenen Art wird Homöomorphismus genannt; zwei Mengen sind topologisch äquivalent, wenn sie
homöomorph sind.

Man könnte vermuten, daß ein Homöomorphismus das Äquivalent einer
deformierenden Transformation ist. Aber in Wirklichkeit kommt man durch
Deformation nur zu einer bestimmten Klasse von Homöomorphismen. Es ist
gesagt worden, zwei Mengen seien einander topologisch äquivalent, wenn
man sie durch alle Arten von „Kneten und Dehnen, ohne Zerreißen oder
Zerbrechen" ineinander überführen könne. Das stimmt, ist aber noch nicht
alles. So ist z. B. die Menge aller Punkte auf zwei Kugelflächen (mit unter-
schiedlichem Radius), die sich von innen berühren, topologisch der Menge
aller Punkte auf denselben Flächen äquivalent, wenn sie sich von außen
berühren: Es gibt einen Homöomorphismus, der sie ineinander überführt.
Aber es gibt keine Deformation, durch die man aus der ersten die zweite
Menge bilden könnte.

Betrachten wir nun eine Kreisscheibe, d. h. die Menge aller Punkte auf dem
Umfang und im Innern eines Kreises! Es gibt einen interessanten Satz von
L. E. J. Brouwer, nach dem bei jedem Homöomorphismus einer solchen
Scheibe auf sich selbst wenigstens ein Punkt festbleibt. In Zusammenhang
hiermit hat *Ulam* zwei Fragen gestellt: Wenn ein Homöomorphismus die
Punkte P auf die Punkte P' der Kreisscheibe abbildet, existieren dann auch
beliebig kleine Dreiecke $P_1 P_2 P_3$, die den durch Verbindung der Bildpunkte
P'_1, P'_2, P'_3 erzeugten Dreiecken kongruent sind? Es wäre plausibel, wenn

solche Punkttripel in der Nähe des Fixpunktes aufzufinden wären. Andererseits ist es aber auch möglich, daß solche Tripel an ganz anderen Stellen der Scheibe auftreten. Man muß betonen, daß bei dieser Fragestellung nicht verlangt wird, daß irgendeiner der Punkte P_1, P_2, P_3 festbleibt, oder daß das Dreieck durch den Homöomorphismus im ganzen abgebildet wird. Die Frage bezieht sich ausschließlich auf drei distinkte Punkte. Wenn sie zu bejahen ist, kommen wir zur zweiten Frage: Existieren solche Dreiecke, bei denen die Winkel vorgegeben sind?

Als Punkte *auf dem Kreise* bezeichnen wir nun die Punkte des Umfangs, nicht die Punkte im Innern. Es ist klar, daß die Menge der Punkte auf einem Kreise die Brouwersche Fixpunkteigenschaft nicht besitzt. Ein vollkommen einwandfreier Homöomorphismus dieser Menge auf sich selbst wäre z. B. eine einfache Drehung um n Grad ($n \neq 360$), bei der kein Punkt auf dem Kreise festbleibt.

„Zusammenhängend" ist ein anderer Ausdruck, mit dem in der Topologie ungefähr das gemeint wird, was er sagt. Die Punkte auf einem Kreise sind zusammenhängend, und ebenso die auf einer Strecke. Als *Komplement* einer Menge bezeichnet man alle Punkte des betreffenden Raums (etwa einer Ebene), die nicht zu dieser Menge gehören. Das Komplement der Menge aller Punkte auf einem Kreise ist z. B. eine nichtzusammenhängende Menge: Es besteht aus allen Punkten außerhalb und im Innern des Kreises und wird durch den Kreis selber getrennt.

Damit können wir zum nächsten Problem übergehen. Besitzt C – wenn es sich bei C um ein begrenztes ebenes Kontinuum handelt, dessen Komplement zusammenhängend ist – notwendig die Fixpunkteigenschaft? Es ist dabei wichtig, daß das Komplement zusammenhängend ist. Z. B. ist eine Ringscheibe zusammenhängend, aber nicht ihr Komplement. Eine Ringscheibe besitzt auch keinen Fixpunkt. Man glaubt – hat dies aber nicht beweisen können – daß die Antwort auf unsere Frage „ja" lautet.

Ein *Bogenstück* ist eine Menge, die einer geraden Strecke topologisch äquivalent ist. Wir haben bereits gezeigt, daß jede Strecke einer Teilstrecke von sich selber topologisch äquivalent ist. Gibt es irgendein ebenes Kontinuum, das mehr als einen Punkt enthält, und das jedem anderen Kontinuum, das mehr als einen Punkt enthält, topologisch äquivalent ist, *wenn* es sich bei dem letzteren *nicht* um ein Bogenstück handelt? Man hat viele Jahre geglaubt, daß das nicht möglich sei, bis dann *E. E. Moise* im Jahre 1948 ein Beispiel konstruiert hat. Unbeantwortet ist nach wie vor die Frage, ob sich noch andere Beispiele finden lassen. Man sagt, daß zwei Kurven im gewöhnlichen dreidimensionalen Raum miteinander *verschlungen* sind, wenn es keinen Homöomorphismus des Gesamtraums in sich gibt, bei dem die Bilder der beiden Kurven in getrennten Kugeln verlaufen. Es gibt im Augenblick noch kein brauchbares analytisches Kriterium, nach dem man entscheiden könnte, ob zwei gegebene Kurven miteinander verschlungen sind.

Eine topologische Eigenschaft, die sich von der Verschlungenheit in einigem unterscheidet, ist die *Verknotung*. Wir verfügen keineswegs über eine vollständige Charakterisierung sämtlicher möglicher Knoten. Die folgende Betrachtung erstreckt sich über den Knoten selbst hinaus auf den umgebenden dreidimensionalen Raum: Es wäre interessant, wenn man das System der magnetischen Kraftlinien beschreiben könnte, das entsteht, wenn ein Strom in einem (unendlich dünnen) verknoteten Draht fließt. Nehmen wir z. B. an, daß der Strom durch einen „Kreuzknoten" fließt. Würde das System der magnetischen Kraftlinien, das den Knoten umgibt, die Verknotung der Kurve topologisch wiederspiegeln? – Solche Kurvensysteme können einen erheblichen Grad von topologischer Komplexität erreichen, selbst wenn der Strom nur auf Geraden fließt. Das zeigt sich z. B. schon, wenn man die Eigenschaften der magnetischen Kraftlinien berechnet, die entstehen, wenn Ströme auf den drei Geraden $x = 1$, $y = 0$; $y = 1$, $z = 0$; $z = 1$, $y = 1$ fließen.

7. Probleme der Wahrscheinlichkeitsrechnung und Kombinatorik

In keinem Gebiet der Mathematik gibt es so viele Fußangeln und Fallgruben wie in der Wahrscheinlichkeitsrechnung. Es sind ohne Zweifel mehr falsche Antworten auf Fragen der Wahrscheinlichkeitstheorie gedruckt worden als in jedem anderen Zweig der Mathematik. Selbst Fachleute haben sich gelegentlich in die Irre führen lassen. Das muß jedem Neuling als Warnung mit auf den Weg gegeben werden, der sich allzu unbesonnen auf die Beantwortung von Fragen der Art „wie groß ist die Wahrscheinlichkeit, daß . . .?" stürzen möchte.

Um diese Tücken sichtbar zu machen, wollen wir hier ein bekanntes und einfaches Beispiel zitieren: Es seien drei Karten gegeben, die nur durch ihre Farbe gekennzeichnet sind. Eine von ihnen ist auf beiden Seiten rot, eine rot auf der einen und weiß auf der anderen Seite, und die dritte ist auf beiden Seiten weiß. Wir stecken die Karten in eine große Tüte, schütteln sie gut durcheinander und ziehen dann eine heraus, die wir auf den Tisch legen, bevor jemand ihre Unterseite erkennen kann. Angenommen, daß die Seite, die wir sehen, rot ist. Dann handelt es sich offensichtlich nicht um die Karte, die auf beiden Seiten weiß ist, und es muß eine der beiden anderen sein. Wenn es die Karte ist, die auf beiden Seiten rot ist, muß auch die andere Seite rot sein, anderenfalls ist die Unterseite weiß. Es sieht also so aus, als ob wir auf jede dieser Möglichkeiten 1 : 1 wetten dürften.

Aber diese Analyse der Situation ist falsch. Die Wahrscheinlichkeit, daß die Unterseite rot ist, beträgt nicht 1/2 sondern 2/3. Es kommt darauf an – und dieser Punkt wird oft übersehen –, daß die fraglichen Ereignisse *gleichwahrscheinlich* sind. Wir haben es in diesem Falle unstreitig mit zwei Möglichkeiten zu tun, aber sie sind nicht beide gleich wahrscheinlich. Die Seite, die wir sehen, kann nämlich

1. die Vorderseite der auf beiden Seiten roten Karte sein,

2. die Rückseite der gleichen Karte, und

3. die rote Seite der rot-weißen Karte.

Diese drei Möglichkeiten *sind* gleichwahrscheinlich; bei zwei von ihnen wird die Unterseite der Karte rot sein, und nur bei einer weiß.

Die Schwierigkeit zu entscheiden, welche Ereignisse gleichwahrscheinlich sind, wird bei dem folgenden Problem noch etwas größer: Wir fordern jemand auf, eine beliebige Sehne durch einen gegebenen Kreis zu ziehen. Wie groß ist die Wahrscheinlichkeit, daß diese Sehne länger ausfallen wird als die Seite eines dem Kreise einbeschriebenen gleichseitigen Dreiecks? – Man kann die Zufälligkeit des Verlaufs der Sehne auf wenigstens zwei verschiedene Weisen bestimmen. Wir können einen Punkt A auf dem Kreis auswählen und alle Sehnen betrachten, deren einer Endpunkt A ist. Weil jeder andere Punkt des Kreises gleichermaßen als zweiter Endpunkt der Sehne in Frage kommt, können wir diese Punkte gleichmäßig über den Kreis verteilt annehmen. Wir zeichnen jetzt ein einbeschriebenes Dreieck mit einer Ecke in A (Bild 31). Es erscheint gleichwahrscheinlich, daß unsere Zufallssehne eines der drei Kreissegmente $\overset{\frown}{AB}$, $\overset{\frown}{BC}$, $\overset{\frown}{CA}$ schneidet. Also beträgt die Wahrscheinlichkeit, daß sie länger als die Strecke $\overline{AB}$ ist, 1/3. Wenn wir aber den freien Endpunkt der Sehne durch eine Schar von Parallelen zu einem Durchmesser mit untereinander gleichen Anständen markieren (Bild 32), kommen wir zu dem Resultat, daß jetzt die Hälfte aller möglichen Sehnen länger als $\overline{AB}$ ist, also zu dem zu unserem vorigen Ergebnis in beunruhigendem Widerspruch stehenden Resultat 1/2.

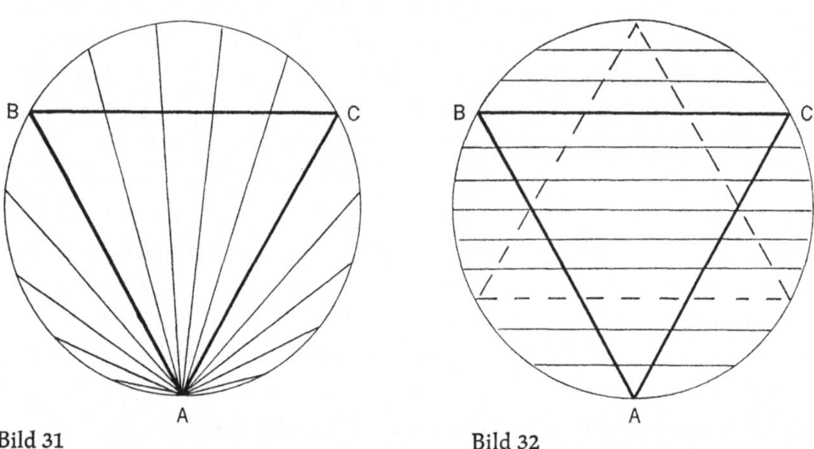

Bild 31   Bild 32

Welches dieser beiden Ergebnisse ist das richtige? Möglicherweise keines. Die Begriffe „Zufall" und „gleichwahrscheinlich" sind für dieses Problem nicht hinreichend definiert worden, so daß wir vielleicht glauben, wir wüßten, was eine Zufallssehne ist, dies aber in der Tat nicht tun.

Frank Hawthorne, der die Oberaufsicht über den Mathematikunterricht im Staate New York innehat, hat einmal folgendes Problem aufgeworfen:

Wenn drei Punkte beliebig in einem Rechteck verteilt werden, das doppelt so lang wie breit ist, wie groß ist dann die Wahrscheinlichkeit, daß sie die Ecken eines stumpfwinkligen Dreiecks bilden? Man kann diesem Problem eine algebraische Form geben, indem man das Rechteck in einem Koordinatensystem zeichnet und die Zufallsverteilungen der Punkte durch die numerischen Werte ihrer Koordinaten bestimmt. Es ist jedoch nach wie vor ungelöst.

Es ist nicht verwunderlich, daß das nächste Problem seit über 20 Jahren ungelöst ist: Drei Männer werfen Münzen. Der erste hat l, der zweite m und der dritte n Münzen. Derjenige, der Kopf wirft, während die beiden anderen Zahl haben (und umgekehrt) gewinnt den Wurf. Wenn alle drei Münzen die gleiche Seite zeigen, wird der Wurf wiederholt. Wieviel Würfe sind im Durchschnitt erforderlich, bis einer der Männer aus dem Spiel ausscheiden muß?

□

Wahrscheinlichkeitsuntersuchungen beruhen auf der Analyse von Permutationen und Kombinationen der vorkommenden Elemente. Daß einige Probleme der Kombinatorik leicht zu formulieren aber schwer zu lösen sind, zeigt sich am Briefmarkenproblem. Auf wieviel verschiedene Weisen kann man einen Streifen von n Briefmarken falten? Angenommen wird, daß man nur entlang der Perforationen zwischen den Marken falten darf, und daß es sich um einen Streifen handelt, wie er beispielsweise in Briefmarkenautomaten verwendet wird, der also genau eine Marke breit ist. Natürlich kann man für kleine n die Antwort durch Probieren finden. Gesucht wird aber eine Lösung für beliebig große n.

Eine Verallgemeinerung des Briefmarkenproblems, bei der sich der Schwierigkeitsgrad um eine Dimension erhöht, ist das *Landkartenproblem*: gegeben sei eine n-fach gefaltete Straßenkarte. Auf wie viele Weisen kann sie neu gefaltet werden? Das Problem wird jedem bekannt vorkommen, der schon einmal eine schlecht gefaltete Karte ins Handschuhfach zu stopfen versucht hat.

Und nun ein abstraktes kombinatorisches Problem: Die verschiedenen Paare aus n Objekten, wobei n ungerade ist, werden in n Spalten so angeordnet, daß jede Spalte $(n-1)/2$ Paare enthält und kein Objekt mehr als einmal in der gleichen Spalte vorkommt. Die Reihenfolge der Spalten und der Paare in einer Spalte wird nicht weiter berücksichtigt. Man bestimme die Anzahl der verschiedenen möglichen Anordnungen. Für den Fall $n=3$ und die

Objekte A, B, C sind die einzig möglichen Paarungen AB, AC und BC. Weil jede Spalte nur ein Paar lang ist, haben wir damit schon die Antwort: Es gibt nur eine solche Anordnung. Für $n = 5$ kann man aus A, B, C, D, E auf verschiedene Weisen Paare bilden und in Spalten placieren. Z. B.:

$$(1) \quad \left\{ \begin{array}{ccccc} AB & AC & AD & AE & CE \\ CD & DE & BE & BC & BD \end{array} \right.$$

$$(2) \quad \left\{ \begin{array}{ccccc} AB & AC & CD & AE & CE \\ DE & BD & BE & BC & DA \end{array} \right.$$

Wieviel andere Anordnungen gibt es noch? Und allgemein: Wieviel gibt es für beliebiges n?

□

Herbert Phillips, der unter dem Pseudonym *Caliban* eine berühmtgewordene Problemspalte veröffentlicht hat, schrieb einmal die folgende Geschichte:

Die fünf roten Kugeln

Ein Professor besaß eine Anzahl von Kugeln verschiedener Farbe. Er steckte einen Teil davon (dessen Farben nicht bekannt waren) in einen Beutel und ließ seine Klasse dann fünf Kugeln ziehen. Alle fünf waren rot. Daraufhin bemerkte der Professor: „Die Chance, daß das passieren würde, war genau 1 : 1!" Wieviel Kugeln hatte er in den Beutel gesteckt, und wieviel davon waren rot?

In der Antwort, die *Caliban* veröffentlichte, hieß es, daß der Beutel neun rote und eine anderfarbige Kugel enthielt. Zu dieser Antwort kann man noch einige Fragen stellen:

1. Ist *Calibans* Lösung die einzige, die in dem beschriebenen Falle möglich ist?

2. Bleibt das Problem lösbar, wenn man in der Geschichte „fünf" durch „sechs" ersetzt?

3. Gibt es eine allgemeine Lösung?

Weil man diese Fragen nicht beantworten kann, ohne auf die technischen Details der verwendeten Mathematik einzugehen, sei der Leser für ihre Diskussion auf die Anmerkungen verwiesen.

□

Welches ist die kleinste mögliche Anzahl von Schnittpunkten, wenn man n Punkte in der Ebene durch stetige Kurven untereinander verbindet?

Wir wollen die gesuchte Zahl mit X_n bezeichnen und stellen anhand von Bild 33 fest, daß vier Punkte miteinander verbunden werden können, ohne daß sich die Verbindungslinien schneiden. Also ist $X_4 = 0$. Bild 34 zeigt, daß man die Punkte 4 und 5 nicht mehr miteinander verbinden kann, ohne

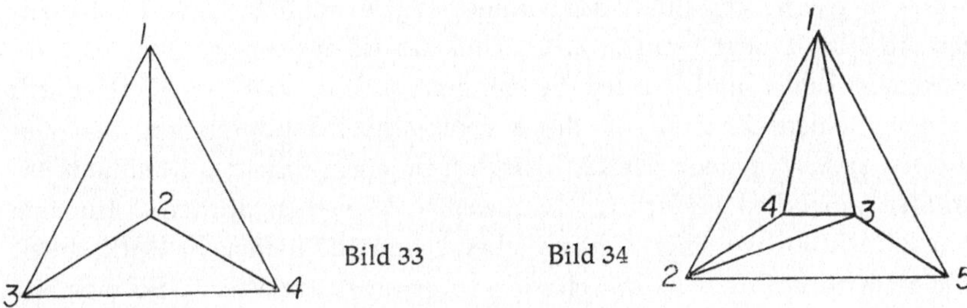

eine bereits gezogene Linie zu schneiden. Das ist auch bewiesen worden, so daß $X_5 = 1$. Wahrscheinlich ist $X_6 = 3$; aber darüber hinaus ist nichts bekannt. Gesucht wird eine Formel für X_n bzw. ein allgemeines Verfahren, mit dessen Hilfe man X_n finden kann. Auch für die Kugelfläche ist das Problem im wesentlichen ungelöst.

□

Wir wollen dieses Kapitel mit einer amüsanten Frage beschließen, die man nicht eigentlich als ein Problem bezeichnen kann. Sie macht aber deutlich, welche Präzision des Denkens und des Ausdrucks erforderlich ist, wo es sich um Durchschnittswerte, Wahrscheinlichkeiten und Erwartungswerte handelt. Welchen Wert darf man am ehesten für x erwarten, wenn man nichts weiter weiß, als daß x zwischen 9 und 11 liegt? Oder, falls diese Formulierung einfach als zu vage empfunden wird: angenommen, man wird gezwungen, den Wert von x zu erraten und muß für jedes Prozent Irrtum eine Geldstrafe zahlen. Bei welcher Schätzung fällt die größte mögliche Strafe am kleinsten aus? Auf den ersten Blick würde man vielleicht auf 10 setzen, weil dabei der Fehler nach beiden Seiten nicht größer als 1 werden kann, Aber 9,9 wäre eine bessere Schätzung, weil der Fehler dann 10 % des wahren Wertes nicht überschreiten kann; während bei der Schätzung 10 der Fehler größer als 11 % wird, wenn der wahre Wert dicht bei 9 liegt.

Man kann das Problem algebraisch lösen, wenn man x so wählt, daß der maximale Fehler nach beiden Seiten gleich wird:

$$\frac{x-9}{9} = \frac{11-x}{11} \; .$$

Beobachten wir nun, was geschieht, wenn wir den zulässigen Bereich erweitern! Angenommen, wir wissen von x nur, daß es zwischen 1 und 100 liegt. Das gleiche Verfahren, das wir eben angewandt haben, führt auf ein x, das dicht bei 2 liegt (genau: 1,98). Und das ist die richtige Antwort; der maximale Fehler nach beiden Seiten beträgt jetzt fast 100 %. Dadurch kommen einem Zweifel, ob die angemessenste Interpretation des „am ehesten zu erwartenden Wertes" wirklich in jedem Falle das Minimum des größten möglichen Fehlers ist. Nur wenige Menschen dürften 2 für eine plausible Schätzung einer Zahl zwischen 1 und 100 halten. In Wirklichkeit gibt es natürlich keinen „am ehesten zu erwartenden Wert". Solange wir keine weiteren Daten haben, bleibt eine Zahl so gut wie die andere; alle sind gleichwahrscheinlich.

8. Probleme, bei denen es um unendliche Mengen geht

Jede rationale Zahl p/q läßt sich als Quotient zweier ganzer Zahlen p und q ausdrücken. Wenn man die rationalen Zahlen als Punkte auf einer Geraden interpretiert, gibt es für je zwei rationale Zahlen (ganz gleich, wie dicht sie beieinander liegen) eine weitere, die zwischen ihnen liegt: z. B. ihr arithmetisches Mittel. Man sagt, die rationalen Zahlen liegen *dicht* auf der Zahlengeraden. Entsprechend liegen auch die Punkte mit rationalen Koordinaten dicht in der Ebene.

Ulam hat gefragt, ob es eine Vorschrift gibt, durch die eine Menge von Punkten in der Ebene so bestimmt wird, daß die Entfernung zwischen je zwei Punkten rational ist. Weiter wird gefragt, ob eine solche Menge in der Ebene dicht sein kann. Die rationalen Punkte auf der Geraden erfüllen die erste Bedingung; aber es ist ja keine eindimensionale Menge, die wir suchen.

$$\square$$

Nach *Cantor* haben zwei unendliche Mengen die gleiche Mächtigkeit, wenn man die Elemente der einen Menge umkehrbar eindeutig den Elementen der anderen Menge zuordnen kann. Jede Menge, deren Elemente so den positiven ganzen Zahlen zugeordnet werden können, besitzt die Mächtigkeit $\aleph_0$ (sprich: Aleph null). Z. B. gehört die Menge der Quadratzahlen zur Mächtigkeit $\aleph_0$. Das Zuordnungsverfahren liegt auf der Hand:

$$
\begin{array}{ccccccc}
1 & 2 & 3 & 4 & 5 & \cdot & \cdot \\
\updownarrow & \updownarrow & \updownarrow & \updownarrow & \updownarrow & \updownarrow & \updownarrow \\
1 & 4 & 9 & 16 & 25 & \cdot & \cdot
\end{array}
$$

Jeder Zahl N wird N^2 zugeordnet, und umgekehrt. Wir bemerken, daß die Menge der Quadratzahlen die gleiche Mächtigkeit besitzt wie die Menge der ganzen Zahlen, obgleich sie eine Untermenge der letzteren, d. h. in ihr enthalten ist. Im Unendlichen kommt es häufig vor, daß das Ganze nicht größer ist als einer seiner Teile.

Man weiß, daß die Mächtigkeit aller rationalen *und* irrationalen Punkte auf der Zahlengeraden größer ist als $\aleph_0$. *Cantor* hat mit Hilfe seines inzwischen berühmt gewordenen *Diagonalverfahrens* gezeigt, daß die Menge der reellen Punkte nicht umkehrbar eindeutig auf die Menge der ganzen Zahlen abgebildet werden kann. Ihre Mächtigkeit ist $2^{\aleph_0}$

Wenn eine Determinante der Ordnung n als Summe hingeschrieben wird, enthält dieser Ausdruck $n!$ Glieder. Eine Determinante, die als Limes der

Determinante n-ter Ordnung definiert wird, wenn n gegen ∞ geht, ist ein durchaus achtbares mathematisches Gebilde, und man weiß, daß ihre Summenentwicklung $2^{\aleph_0}$ Glieder enthält. Allerdings weiß man nicht, wie man eine umkehrbar eindeutige Zuordnung zwischen diesen Gliedern und den $2^{\aleph_0}$ Punkten der reellen Geraden konstruieren könnte.

□

Das berühmteste ungelöste Problem, das sich im Zusammenhang mit unendlichen Mengen ergibt, ist die Cantorsche *Kontinuumshypothese*: $2^{\aleph_0} = \aleph_1$. Das soll heißen, daß die nächstgrößere transfinite Zahl nach $\aleph_0$ die Anzahl der Punkte auf der Geraden, „die Mächtigkeit des Kontinuums" ist. Das Problem besteht natürlich darin, diese Hypothese zu beweisen oder zu widerlegen. *Cantor* vermutete, daß sie wahr sei. Sie ist äquivalent mit der Aussage, daß jede unendliche Untermenge des Kontinuums entweder die Mächtigkeit der Menge der ganzen Zahlen oder die Mächtigkeit des Kontinuums selber besitzt, daß es zwischen den beiden keine transfiniten Kardinalzahlen mehr gibt.

1947 hat *Kurt Gödel* das wenige, was wir über diese Frage wissen, in einer Abhandlung im *American Mathematical Monthly* zusammengefaßt und dabei noch weitere Fragen gestellt. Er bemerkt, daß man der Mächtigkeit des Kontinuums nicht einmal eine obere Schranke zuordnen kann. „Es bleibt unentschieden, ob es regulär oder singulär, zugänglich oder unzugänglich ist ... und worin sein Charakter der Konfinalität besteht." Die Termini, die uns hier unverständlich sind, werden in der Abhandlung definiert.

Gödel neigt zu der Ansicht, daß die Kontinuumshypothese auf die Dauer widerlegt werden wird. Er verweist auf Verschiedenes, was dafür spricht, unter anderem die höchst unerwarteten und merkwürdigen Konsequenzen, die sich aus der Annahme der Hypothese ergeben. Merkwürdige und „unglaubliche" Folgerungen widerlegen natürlich nichts. In der Mathematik wimmelt es von absolut gültigen Aussagen, die einem anschaulich unmöglich vorkommen. (Man denke nur an den Satz von *Banach* und *Tarski*, der im ersten Kapitel erwähnt worden ist.) Aber es ist nicht zu leugnen, daß das, was gegen die Kontinuumshypothese spricht, einen nachdenklich stimmt.

Ein ganz neues Beispiel dafür, welche unheimlichen und erstaunlichen Möglichkeiten sich im Zusammenhang mit der Kontinuumshypothese ergeben, bietet der Umstand, daß die folgende Vermutung $2^{\aleph_0} = \aleph_1$ impliziert:

Die Euklidische Ebene besteht aus der Vereinigungsmenge dreier Mengen E_i ($i = 1, 2, 3$), von denen gilt, daß für irgendwelche drei Geraden in der Ebene D_i ($i = 1, 2, 3$) die Menge E_i jede zu D_i parallele Gerade nur in endlich vielen Punkten schneidet. Man kann sogar zeigen, daß eine ähnliche, aber erheblich schwächere Annahme die Kontinuumshypothese ebenfalls impliziert [1].

---

[1] Nachdem es *Gödel* nicht gelungen war, die Kontinuumshypothese zu widerlegen, hat der amerikanische Mathematiker *P. J. Cohen* 1963 bewiesen, daß sie von den übrigen Axiomen der Mengenlehre *unabhängig*, d. h. nicht aus ihnen ableitbar ist. Danach sieht es so aus, als ob es sich hier überhaupt nicht um einen beweisbaren oder widerlegbaren Satz, sondern um ein Postulat (wie das Parallelenaxiom *Euklids*) handelt. – Anm. der Übersetzers.

9. Probleme der Variationsrechnung

Fragen, bei denen es um Figuren, Bahnen oder Formen geht, die in einer bestimmten Hinsicht zu einem minimalen oder optimalen Ergebnis führen, bezeichnet man als Probleme der Variationsrechnung. Einigen von ihnen sind wir schon in den Kapiteln 1 und 2 begegnet. Eine klassische Aufgabenstellung, die als das *Plateausche Problem* bekannt ist, führt zu einer Anzahl ähnlicher Fragen. Der Name geht auf *J. A. F. Plateau* zurück, der nach der kleinsten möglichen Fläche gefragt hat, die durch eine vorgegebene Raumkurve begrenzt wird. In seiner allgemeinen Form ist das Plateausche Problem 1930–31 von *Tibor Rado* und *Jesse Douglas* gelöst worden.

Welches ist die kürzeste Kurve, die zwei Punkte einer Ellipse miteinander verbindet und gleichzeitig die Fläche der Ellipse in zwei gleiche, einfach zusammenhängende Stücke zerlegt? Bleibt die Aufgabe lösbar, wenn die beiden Punkte zusammenfallen? Wenn eine einfach geschlossene Kurve auf einer Kugeloberfläche liegt, wie sieht dann die Minimalfläche durch diese Kurve aus, die die Kugel in zwei gleiche Volumenteile zerlegt? – Vielleicht ist diese Aufgabe nicht lösbar, weil wir es hier außer mit dem Plateauschen Problem noch mit einer Zusatzbedingung zu tun haben. Jedenfalls ist bisher keine dieser Fragen beantwortet worden.

□

Betrachten wir nun die folgende Aufgabe: Man soll durch einen gegebenen Punkt P innerhalb eines Dreiecks eine Gerade ziehen, die ein Drittel der Dreiecksfläche abschneidet. Es dürfte ziemlich schwierig, vielleicht sogar unmöglich sein, diese Aufgabe mit Zirkel und Lineal zu lösen. Aber darum geht es im Augenblick auch gar nicht. Wenn P der Schwerpunkt (d. i. der Schnittpunkt der Seitenhalbierenden) ist, muß die Konstruktion scheitern; keine Gerade durch den Schwerpunkt kann bei einem Dreieck $1/3$ der Fläche abschneiden. Aber es gibt gewiß andere Punkte P, durch die man solche Geraden legen kann. Unser Problem besteht darin, Gestalt und Größe der Fläche zu bestimmen, in der alle Punkte liegen, von denen gilt, daß keine Gerade durch sie $1/3$ des Dreiecks abschneidet. Man kann die Frage auch anders formulieren: Man stelle sich alle Geraden, die ein Drittel der Dreiecksfläche abschneiden, bereits gezeichnet vor. Dann muß ein Teil des Dreiecks übrigbleiben, durch den keine solche Gerade läuft. Welcher Teil ist das? Im

Augenblick weiß man nicht einmal, ob es sich um eine einfach zusammenhängende Fläche handelt.

□

In „Was ist Mathematik?" beschreiben *Richard Courant* und *Herbert
Robbins* eine experimentelle Methode, mit deren Hilfe man verschiedene
Fälle des Plateauschen Problems „lösen" kann: Wenn man einen Drahtrahmen in Seifenlauge taucht und vorsichtig wieder herauszieht, bleibt in
dem Rahmen eine Seifenhaut zurück, die infolge ihre Oberflächenspannung
eine Minimalfläche bildet, aus demselben Grunde also, aus dem auch Seifen-
blasen kugelförmig werden: weil sie so ein gegebenes Luftvolumen mit der
kleinsten möglichen Oberfläche einschließen. Wenn man das Drahtmodell
eines Würfels in die Lauge taucht, ergibt sich ein System von dreizehn
nahezu ebenen Flächen in der in Bild 35 gezeigten Anordnung. Diese Flächen
sind jedoch nicht alle eben, und die kleine Fläche im Zentrum ist auch kein
exaktes Quadrat. *Courant* und *Robbins* bezeichnen es als ein interessantes
ungelöstes Problem, diese Flächen irgendwie analytisch zu charakterisieren.
Soweit ich weiß, hat man in den zwanzig Jahren seit der ersten Veröffent-
lichung des Buches keine Fortschritte in dieser Richtung gemacht.

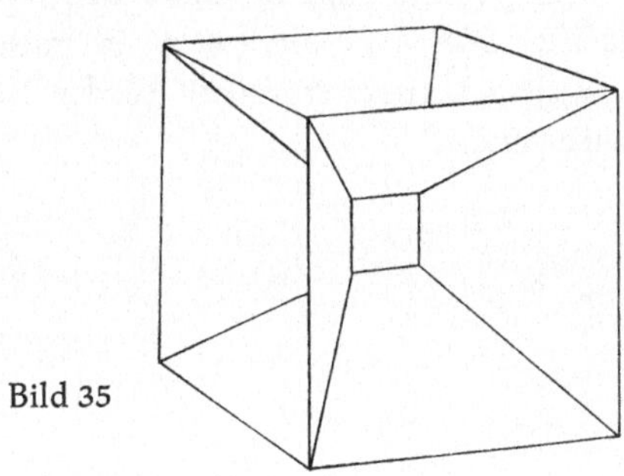

Bild 35

„Angenommen, es sind zwei Streckenabschnitte in der Ebene gegeben. Man
soll die erste Strecke stetig bewegen, ohne ihre Länge irgendwie zu verändern, so daß sie am Ende der Bewegung mit der zweiten Strecke koin-
zidiert. Dabei soll die Summe der Bewegungen der beiden Endpunkte ein
Minimum sein. Welches ist die allgemeine Regel für diese Minimalbewe-
gung? ... Man könnte stattdessen auch verlangen, daß statt der Summe die
Quadratwurzel aus der Summe der Quadrate der Endpunktswege zu einem
Minimum werden soll.

Man könnte ein analoges Problem der ‚ökonomischsten Bewegung' auch ganz allgemein formulieren: Wenn man zwei kongruente geometrische Objekte, *A* und *B* hat, soll *A* so mit *B* zur Deckung gebracht werden, daß die Summe der Wege oder das Integral über den Wegen bestimmter Punkte zu einem Minimum wird. ... Ein Motiv, das einen dazu veranlassen kann, solche Fragen zu betrachten, ergibt sich aus bestimmten Problemen in der Mechanik kontinuierlicher Medien, etwa der Hydrodynamik. Es kommt dort vor, daß die vorherrschenden Bewegungen durch ähnliche Extremalprinzipien bestimmt werden, die in diesen Fällen natürlich für unendlichdimensionale Räume gelten."

□

Ein an beiden Endpunkten befestigtes und frei hängendes Kettenstück nimmt die Form einer *Kettenkurve* an, deren Gleichung wohlbekannt ist. Wenn man eine solche Kette über einer Flüssigkeit, etwa Wasser, so aufhängt, daß sich ein Teil der Kette im Wasser befindet, dann verwandelt sich die Kurve in eine neue Kettenkurve unter Wasser und zwei Stücke einer anderen Kettenkurve über Wasser. Kann man – mit Hilfe der anderen Faktoren, die in dieser Situation wirksam werden – eine Gleichung finden, die den Winkel angibt, unter dem die Kette in die Wasseroberfläche eintaucht? Dieses Problem hört sich nicht sehr schwierig an, aber seitdem es vor zehn Jahren formuliert worden ist, sind noch keine Lösungsvorschläge aufgetaucht.

10. Probleme aus der Analysis

Die Analysis ist in den letzten beiden Jahrhunderten das Hauptarbeitsgebiet der Mathematik gewesen. Es handelt sich bei ihr um die logische Weiterentwicklung der Differential- und Integralrechnung und um das Handwerkszeug, mit dem man es in der sogenannten angewandten Mathematik weitgehend zu tun hat. Man darf wohl behaupten, daß über die Hälfte der gesamten Mathematik ganz oder zum Teil aus Analysis besteht. Wir führen hier einige Probleme vor, die untereinander nichts weiter verbindet als der Umstand, daß sie alle mehr oder weniger zur Analysis gehören. Beim ersten handelt es sich um eine verhältnismäßig einfache algebraische Frage.

Wie wir uns erinnern, ist eine geometrische Reihe ein Ausdruck der Form

$$a + ar + ar^2 + \ldots + ar^n .$$

Wenn der Faktor r kleiner als 1 ist, kann man sinnvoll von einer Summe der Reihe auch dann sprechen, wenn $n \to \infty$. Bei $a = 1/2$ und $r = 1/2$ erhalten wir die vertraute Reihe

$$\frac{1}{2} + \frac{1}{4} + \frac{1}{8} + \frac{1}{16} + \ldots + \frac{1}{2^n} + \ldots,$$

deren Summe 1 ist. Diese Reihe hat die Eigenschaft, daß es ein Glied gibt (das erste z. B.), das gleich der Summe aller folgenden Glieder ist. Gibt es noch eine andere geometrische Reihe, die diese Eigenschaft besitzt? Übrigens ist die angegebene Reihe wahrscheinlich die einzige, bei der *jedes* Glied diese Eigenschaft besitzt; aber auch das ist nicht ganz sicher.

□

Paul Erdos hat viele schwierige Fragen über Ungleichungen gestellt (und gelöst). Wir bingen hier – ohne weiteren Kommentar – drei ungelöste:

1. Angenommen, m und n sind ganze Zahlen, die den Bedingungen

$$\left(1 - \frac{1}{m}\right)^n > \frac{1}{2} \quad \text{und} \quad \left(1 - \frac{1}{m-1}\right)^n < \frac{1}{2}$$

genügen. Beweise, daß für sie die Beziehungen

$$(m-1)^n > (m-2)^n + (m-3)^n + \ldots + 1^n$$
$$(m+1)^n < m^n + (m-1)^n + \ldots + 1^n$$

gelten. Zeige außerdem, daß die Ungleichung

$$m^n > (m-1)^n + (m-2)^n + \ldots + 1^n$$

zwar in unendlich vielen Fällen gilt, aber auch in unendlich vielen Fällen
nicht gilt

2. $a_1 < a_2 < \ldots < a_n \leqq 2n$ sei eine Folge von positiven ganzen Zahlen.
Dann gilt

$$\max (a_i, a_j) > \frac{38\,n}{147} - c$$

wobei c von n unabhängig ist und (a_i, a_j) den größten gemeinsamen
Teiler von a_i und a_j bezeichnet. Diese Aussage ist zu beweisen. Weiterhin
ist c zu suchen und zu zeigen, daß dies eine bestmögliche Abschätzung ist.

3. $a_1 < a_2 < \ldots < a_k \leqq n$; $b_1 < b_2 < \ldots < b_l \leqq n$ seien zwei Folgen ganzer
Zahlen, bei denen alle Produkte $a_i\, b_j$ voneinander verschieden sind. Beweise, daß

$$kl < c \left(\frac{n^2}{\ln n} \right)$$

Erdos sagt, daß es sich um eine bestmögliche Abschätzung handelt, wenn
dies für eine universelle Konstante c gilt.

□

Man weiß, daß es unendlich viele rationale Gleichungen mit ganzzahligen
Koeffizienten gibt, von denen der erste 1 ist, und bei denen außer einer alle
Wurzeln in einem bestimmten Intervall liegen. Wenn man von diesem Um-
stand Gebrauch machen wollte, wäre es ohne Zweifel zweckmäßig, eine
Gleichung mit möglichst kleinen Koeffizienten zu wählen. Gibt es ein Ver-
fahren, mit dem man dies erreichen kann? Wie lautet insbesondere die
Gleichung vom Grade n, die die obigen Bedingungen erfüllt und in einem
gewissen Sinne die „kleinsten" Koeffizienten hat?

□

Man braucht ganz erhebliche Übung, wenn man neue Aufgaben auf einem
Gebiet bewältigen will, auf dem vor einem die Meister des Fachs gearbeitet
haben. Wer nicht wenigstens etwas mit der Ausdrucksweise und dem Geist
der Infinitesimalrechnung vertraut ist, tut vielleicht gut daran, die folgenden
beiden Probleme zu überschlagen.

Eine *Funktion* stellt eine Beziehung zwischen zwei Variablen her. Die Kreise und Parabeln, die wir in der Schule gezeichnet haben, waren Bilder von Funktionen. Z. B. verknüpft $y = x^2$ y und x durch den Prozeß des Quadrierens: Die Gleichung besagt, daß man jeden Wert, den x annimmt, ins Quadrat erheben muß, um den entsprechenden Wert von y zu erhalten. Die *inverse* bzw. *Umkehrfunktion* macht die entgegengesetzte Aussage: Jeder Wert von y muß ins Quadrat erhoben werden, um den entsprechenden Wert von x zu erhalten, $x = y^2$. Wir können diese Gleichung nach y auflösen und erhalten: $y = \pm \sqrt{x}$. Wenn wir die negativen Lösungen vernachlässigen, kommen wir zu $y = \sqrt{x}$ als Umkehrfunktion von $y = x^2$.

In der Funktionenschreibweise sagen wir, daß $f^{-1}(x)$ die inverse Funktion von $f(x)$ ist. Man beachte, daß $f^{-1}(f(x)) = x$ ist. Tatsächlich ist dies die *Definition* der inversen Funktion. Um auf unser Beispiel zurückzukommen: wenn $f(x) = x^2$, dann ist $f^{-1}(x) = \sqrt{x}$, weil

$$f^{-1}(f(x)) = \sqrt{x^2} = x \, .$$

Man könnte sagen, daß die inverse Funktion die Arbeit der gegebenen Funktion „wieder aufhebt". Entsprechend gilt auch $f(f^{-1}(x)) = x$, wie man am Beispiel $(\sqrt{x})^2 = x$ sehen kann. Andere Beispiele für solche zueinander inverse Funktionen sind $x + 2$ und $x - 2$, sowie $\ln x$ und e^x.

Wir müssen jetzt in einige leichtere Gebiete der Infinitesimalrechnung überspringen und über die Potenzreihenentwicklung von Funktionen sprechen. Angenommen, $f(x)$ habe die Potenzreihendarstellung

$$f(x) = a_0 + a_1 x + a_2 x^2 + \ldots$$

Wir wollen dazu die inverse Funktion

$$f^{-1}(x) = b_0 + b_1 x + b_2 x^2 + \ldots$$

suchen, so daß $f(f^{-1}(x)) = x$. D. h. wir wollen die Potenzreihenentwicklung der inversen Funktion finden, wenn sie existiert. Das Problem besteht dann darin, die Koeffizienten b so festzulegen, daß

$$x = a_0 + a_1 [b_0 + b_1 x + b_2 x^2 + \ldots] +$$
$$+ a_2 [b_0 + b_1 x + b_2 x^2 + \ldots]^2 + \ldots$$

gilt. Man kann es ohne Verlust an Allgemeingültigkeit so einrichten, daß $a_0 = b_0 = 0$ und $a_1 = b_1 = 1$ wird. Danach kann man die übrigen b_n mit Hilfe der gegebenen a_n nacheinander bestimmen, indem man die Koeffizienten gleicher Potenzen von x gleichsetzt, kommt dabei aber zu unübersichtlichen und umfangreichen Rechnungen. „Befriedigende Formeln,

in denen die b_n durch die a_n ausgedrückt werden, sind nicht bekannt."
(1956)

$\square$

Auf den ersten Blick kann man nicht entscheiden, ob die unendliche Reihe

$$1 + \frac{1}{2^2} + \frac{1}{3^2} + \frac{1}{4^2} + \ldots$$

konvergent ist oder nicht. (Wie sich herausstellt, ist sie konvergent.) Entsprechend könnten wir auch die Reihe

$$1 + \frac{1}{2^3} + \frac{1}{3^3} + \frac{1}{4^3} + \ldots$$

untersuchen. Verallgemeinernd schreibt man $\zeta\,(n)$ (sprich: „Zeta von n"), wobei

$$\zeta\,(n) = 1 + \frac{1}{2^n} + \frac{1}{3^n} + \frac{1}{4^n} + \ldots$$

ist. Dieser Ausdruck ist immer dann sinnvoll, wenn die Reihe rechts vom Gleichheitszeichen konvergiert. Er ist es also nicht für $n = 1$, weil wir wissen, daß die Reihe

$$1 + \frac{1}{2} + \frac{1}{3} + \frac{1}{4} + \ldots$$

divergent ist. D. h., man braucht nur hinreichend viele Glieder der Reihe zu summieren, um jede beliebige, noch so große Zahl zu übertreffen.

Es gibt im Zusammenhang mit der Zeta-Funktion und ihrer Fortsetzung im Komplexen wichtige ungelöste Probleme, unter anderem die berühmte *Riemannsche Hypothese*, deren Schwierigkeitsgrad allerdings den uns hier gesetzten Rahmen überschreitet. Ein interessantes Problem läßt sich jedoch leicht genug formulieren. Es stellt sich nämlich – merkwürdig genug – heraus, daß $\zeta\,(2)$, $\zeta\,(4)$, ... $\zeta\,(2\,n)$ ... sämtlich rationale Vielfache gerader Potenzen von π sind. Es gilt

$$\zeta\,(2) = \frac{\pi^2}{6}$$

$$\zeta\,(4) = \frac{\pi^4}{90},$$

und so weiter. Die allgemeine Formel lautet:

$$\zeta\,(2\,n) = \frac{2^{2\,n-1}\,|B_{2\,n}|}{(2\,n)!}\,\pi^{2\,n}\,,$$

wobei die $B_{2\,n}$ die wohlbekannten und in jedem Falle berechenbaren *Bernoullischen Zahlen* sind. Es stellt sich das Problem, eine analoge „geschlossene Form" für die *ungeraden* ganzzahligen Zetas zu finden, d. h. für alle $\zeta\,(2\,n+1)$. In den Lehrbüchern steht meist einfach, daß ein solcher Ausdruck nicht bekannt ist. Man hat kürzlich Hinweise gefunden, die deutlich dafür sprechen, daß ein solcher Ausdruck überhaupt nicht existieren kann; aber ein Beweis für diese Vermutung steht noch aus.

Anmerkungen:

(Die Zahlen beziehen sich auf die entsprechende Seite im Text.)

Es dürfte angebracht sein, den Leser um etwas Nachsicht mit dem Titel zu bitten. Es soll ihm natürlich keineswegs zugemutet werden, dieses Buch als eine Zusammenfassung der Gegenstände zu betrachten, mit denen sich die Mathematiker von morgen befassen werden. Das Bemühen, so wenige termini technici wie möglich zu verwenden und uns allgemeinverständlich auszudrücken, hat uns in dieser Hinsicht Grenzen gesetzt. Viele – vielleicht sogar die meisten – der Probleme, denen sich das Interesse der Forschungsmathematiker zuwendet, konnten hier nicht erwähnt werden. Und außerdem würde nur ein leichtfertiger Prophet es wagen, den Gang der Ereignisse in dieser sich ständig wandelnden und sich rasch ausdehnenden Wissenschaft vorauszusagen.

3. Im folgenden beschreiben wir mit Hilfe eines treffenden Beispiels von *Schwarz* eine der Schwierigkeiten, die sich bei dem Versuch ergeben, den Inhalt einer gekrümmten Fläche zu definieren.

Wie kann man die Länge einer gekrümmten Schnur messen? Das ist lange nicht so schwierig wie der Versuch, den Flächeninhalt eines Stücks Apfelsinenschale zu ermitteln. Die Schnur kann man geradeziehen und mit einem Gliedermaßstab messen; während man die Apfelsinenschale nicht glätten kann. Sprechen wir dagegen statt von einem Stück Schnur von einer mathematischen Kurve, sind wir auch nicht mehr in der Lage, sie aufzunehmen und geradezuziehen. Was wir tun können ist, ihre Länge durch einen Grenzübergang herauszufinden. Vielleicht erinnert sich der Leser an seine Schulgeometrie, und auf welche Weise der Kreisumfang gefunden oder vielmehr *definiert* wurde. Bei dem üblichen Verfahren wird dem Kreis zunächst ein regelmäßiges Sechseck einbeschrieben und gezeigt, daß man dessen Umfang genau berechnen kann. Danach beschreibt man ihm ein regelmäßiges Zwölfeck ein und berechnet wiederum dessen Umfang. Dieses Verfahren setzt man mit Polygonen von 24, 48, 96, . . . Seiten fort und beschreibt allgemein, wie die Umfänge berechnet werden können, wenn die Seitenzahl bei jedem Schritt verdoppelt wird. Die wichtige Beobachtung besteht darin, daß sich der Umfang der Polygone mit wachsender Seitenzahl dem Kreisumfang *annähert*. Man erhält so nicht die genaue Länge des Kreisumfangs, hat aber zwei wichtige Dinge erreicht: 1. ist die Länge des Kreisumfangs als Grenzwert bekannter und erreichbarer Längen *definiert* worden, und 2. kann der numerische Wert des Umfangs annähernd berechnet werden, und zwar mit beliebiger Genauigkeit, bis zu jeder gewünschten Zahl von Dezimalstellen.

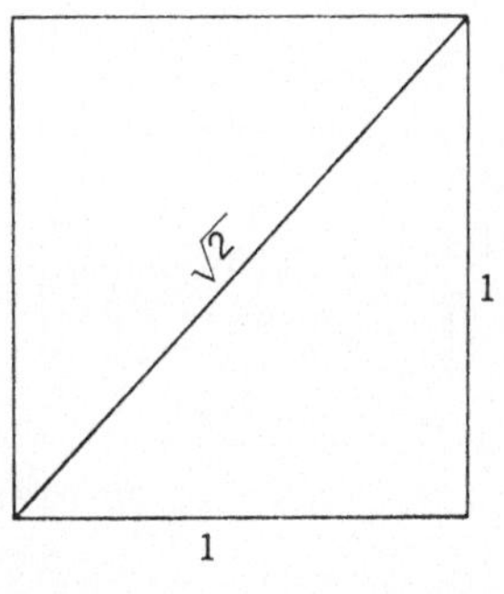

Bild 36

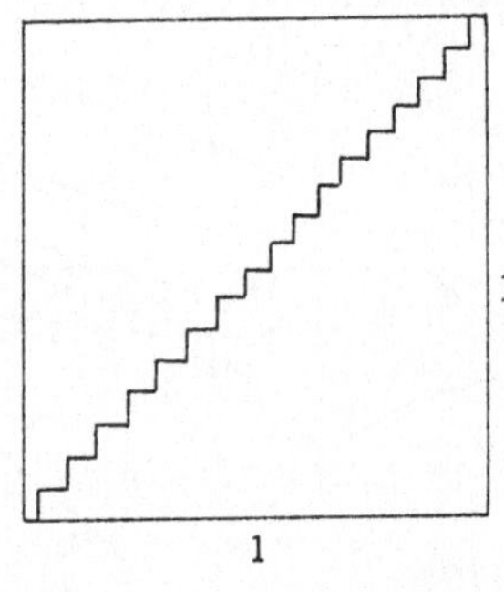

Bild 37

Wenn man eine Größe als Grenzwert definiert, muß man sehr vorsichtig vorgehen. Nehmen wir z. B. an, wir wollen die Länge der Diagonalen im Einheitsquadrat finden (Bild 36). Nach dem Satz von Pythagoras ist das Quadrat über der Hypotenuse gleich der Summe der Quadrate über den beiden anderen Seiten, und folglich hat die von uns gesuchte Diagonale die Länge $\sqrt{2}$. Nun ist $\sqrt{2}$ aber irrational und ein etwas schwer greifbares Gebilde. Wir können versuchen, ihren Wert auf die folgende Weise zu ermitteln: Man zeichnet die Diagonale, als ob es sich um eine Treppe mit sehr vielen gleichhohen kleinen Stufen handelte (Bild 37). Man kann die Anzahl der Stufen verdoppeln, verdreifachen usw. Die Stufendiagonale *sieht so aus*, als ob sie der wirklichen Diagonalen als ihrem Grenzwert zustrebte. Wir können sogar den Abstand jedes Teils unserer Treppe von der Diagonalen beliebig klein machen. Aber man kann trotzdem sehen, daß sie als Maß für die *Länge* der Diagonalen untauglich ist; denn die Gesamtlänge der Treppe setzt sich immer aus den Längen ihrer horizontalen und den Längen ihrer vertikalen Teile zusammen, beträgt also $1 + 1 = 2$, und nicht $\sqrt{2}$.

Man könnte einwenden, daß dies ein albernes Beispiel sei, und daß man bloß festzulegen brauche, daß jeweils *beide Endpunkte* der ver-

wandten Linienstücke auf der Diagonalen liegen müßten, wie wir es bei
den Überlegungen am Kreis getan haben: Dort waren die Ecken der
einbeschriebenen Polygone immer Punkte auf dem Kreise. Das stimmt
auch. Bei „glatten" Kurven kann man die Länge als den Grenzwert
der Summe geradliniger Streckenstücke bestimmen, deren Länge nach
einer bestimmten Regel ständig so verkleinert wird, daß beide Endpunkte dabei auf der Kurve bleiben.

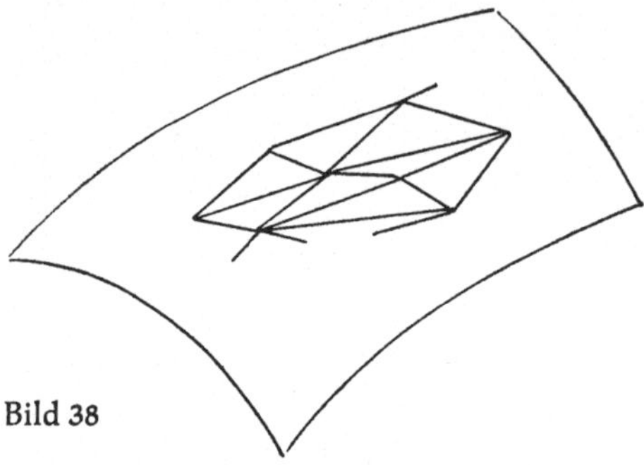

Bild 38

Warum kann man dieses Verfahren nicht auf natürliche Weise so
erweitern, daß es sich zum Messen von Flächeninhalten eignet? –
Die Mathematiker haben lange geglaubt, man könnte das wirklich.
Statt geradliniger Strecken nahm man Dreiecke, weil es sich bei ihnen
um die einfachsten ebenen Flächenstücke handelt, die von Geraden
begrenzt werden. Die gekrümmte Fläche wurde „trianguliert", d. h.
man verteilte auf ihr Punkte und verband diese durch Gerade zu
Dreiecken. Eine Kugelfläche konnte so durch eine Folge einbeschriebener (nichtregulärer) Polyeder approximiert werden, und alle Ecken
der Polyeder lagen dabei auf der Kugel. Man glaubte, daß sich der
Gesamtinhalt der Polyederflächen mit abnehmender Kantenlänge
immer mehr dem Inhalt der gekrümmten Fläche annähern würde
(Bild 38). Man nahm als notwendige Bedingungen für den allgemeinen
Fall an, daß 1. die Ecken sämtlicher Dreiecke auf der zu approximie-
renden Fläche liegen müßten, 2. die Anzahl der Dreiecke über alle
Grenzen anwachsen und 3. ihre Seiten dabei beliebig klein werden
müßten. Aber wenn eine Definition etwas wert sein soll, muß sie
immer gelten, nicht nur manchmal. *H. A. Schwarz* (1843–1921) hat
ein bemerkenswertes Gegenbeispiel beschrieben, bei dem die Dreiecke alle geforderten Bedingungen erfüllen und die Flächen der einbeschriebenen Polyeder dennoch keineswegs gegen den Inhalt der

gekrümmten Fläche konvergieren. Den meisten Eindruck macht bei diesem Beispiel, daß es sich keineswegs um eine irgendwie phantastisch gekrümmte Fläche handelt, sondern um die Mantelfläche eines geraden Kreiszylinders! Diese Fläche ist sogar auf eine Ebene abwickelbar, und ihr Inhalt kann im voraus berechnet werden.

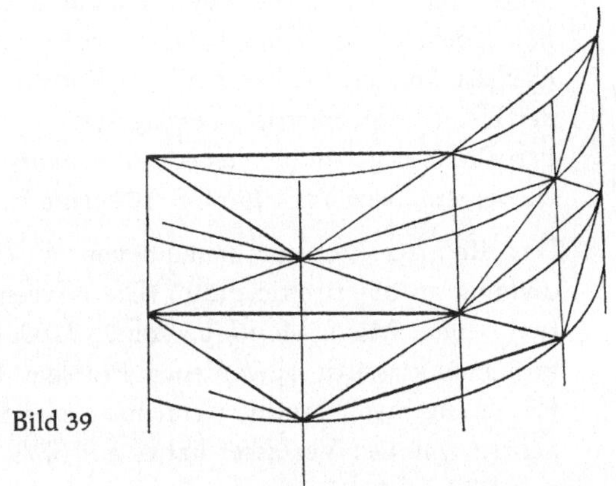

Bild 39

Das Schwarzsche Polyeder läßt sich wie folgt beschreiben: Auf der Mantelfläche eines geraden Kreiszylinders mit der Höhe h und dem Radius r wählt man $2n$ vertikale Gerade, die gleichen Abstand voneinander haben, und $2n^3$ horizontale Kreise, ebenfalls mit gleichem Abstand voneinander. Man verbindet alternierende Schnittpunkte durch gerade Strecken miteinander, wie in Bild 39 gezeigt wird. Es ergeben sich $4n^4$ Dreiecke, die ein dem Zylinder einbeschriebenes „Akkordeonpolyeder" ergeben. Bei über alle Grenzen wachsendem n streben die Seiten sämtlicher Dreiecke gegen Null, und die Ecken verbleiben dabei auf der Zylinderfläche. Aber die Ebenen der Dreiecksflächen drehen sich, wie bei einem sich schließenden Akkordeon, nach innen, statt die Zylinderfläche tangential zu approximieren. Die Gesamtfläche des einbeschriebenen Polyeders wird beliebig groß und strebt gegen ∞ statt gegen $2\pi rh$. Für eine klare mathematische Darstellung vgl. *John F. Randolph, „Calculus"*, Macmillan, London 1955, S. 350. (Bei allen Seitenangaben wird in Zukunft nur die erste einschlägige Seitenzahl angegeben.)

4. Dieser Satz von *Banach* und *Tarski* ist in den *Fundamenta Mathematicae*, Vol. 6 (1924), S. 244, veröffentlicht worden.

1. *Raphael Robinson, Fundamenta Mathematicae*, Vol. 34 (1947), S. 246. Vgl. auch *Amer. Math. Monthly*, Vol. 55 (1948), S. 459.

7. Ein ausführlicher Beweis für die Unmöglichkeit der Winkeldreiteilung mit Zirkel und Lineal findet sich in der Literatur häufig. Vgl. z. B. *Hilda P. Hudson*, *„Ruler and Compasses"*, S. 21, einen Chelsea-Nachdruck von 1953, der im gleichen Band auch *Squaring the Circle* enthält. Ebenso *Felix Kleins Famous Problems of Elementary Geometry*, Chelsea, London 1955, S. 5. (Dt.: „Vorträge über ausgewählte Fragen der Elementargeometrie", Leipzig 1895.) – *Richard Courant* und *Herbert Robbins* geben in *Was ist Mathematik* (2. Aufl. Springer, Berlin, Heidelberg, New York 1967; S. 109) eine fortgeschrittene Darstellung.

8. Das Rechtecksproblem stammt von *H. D.* und *S. K. Stein*, „On dividing an object efficiently" (Die effiziente Zerlegung von Objekten), *Amer. Math. Monthly*, Vol. 63 (1956), S. 111. Ein anderes, inzwischen klassisch gewordenes Problem fragt nach der kleinsten Fläche, die man braucht, wenn man eine Strecke in der Ebene umkehren will. Der Verfasser hat es auf S. 79 von *Through the Mathescope* (Oxford 1956) beschrieben.

9. Der Gödelsche Satz: „Über formal unentscheidbare Sätze der Principia Mathematica und verwandter Systeme". *Monatshefte für Mathematik und Physik*, Bd. 38 (1931), S. 173.

Alonzo Church und *A. M. Turing* haben dann (unabhängig voneinander) den nächsten logischen Schritt getan und gezeigt, daß es unmöglich ist, ein systematisches Verfahren festzulegen, nach dem man bei einer gegebenen Aussage entscheiden könnte, ob sie Gödel-unentscheidbar ist oder nicht. *Church*, „An unsolvable problem of elementary number theory", *Amer. Journal Math.*, Vol. 58 (1936), S. 345. Turing, „On computable numbers", *Proc. London Math. Society*, (2) Vol. 42 (1937), S. 230.

11. Das Abdeckungsproblem bei der ebenen Kreisscheibe ist für $n = 5$ von *Eric H. Neville (Proc. London Math. Soc.* (1914), S. 308) gelöst worden. Er sagt jedoch nichts über $n > 5$. Weil sich bei der Lösung für $n = 5$ keine Anordnung in Gestalt eines regulären Fünfecks ergibt, muß vermutlich jeder Wert von n einzeln untersucht werden.

Der Wert von k im Abdeckungsproblem auf dem Kreis ändert sich nicht bei jeder Veränderung von n. Wir erleben hier gleich zu Anfang eine Überraschung: Wenn $n = 1$ oder $n = 2$, ist $k = r$, dem Radius des Kreises. Mit anderen Worten: wenn wir in einem kreisförmigen Lande die größte mögliche Entfernung eines Punktes vom Standort der nächsten mobilen Verteidigungseinheit minimal halten wollen, läßt sich das mit einer Einheit ebensogut bewerkstelligen wie mit zwei.

L. L. Whyte gibt auf S. 610 des *American Mathematical Monthly* (Vol. 59; 1952) eine Liste ungelöster Probleme von der Art der Bedeckungs- und Lagerungsprobleme. Vgl. auch die Fußnote auf S. 276 von *H. S. M. Coxeters „Introduction to Geometry"*, John Wiley & Sons, New York 1961.

12. *Hugo Steinhaus, „Mathematical Snapshots"*, new edition, Oxford 1960; S. 322.

13. *G. K. Wenceslas, Amer. Math. Monthly*, Vol. 65 (1958), S. 775.

13. *C. S. Ogilvy, „An interception problem", Journal of the Institute of Navigation*, Vol. 5 (1956), S. 89.

14. Die Probleme mit den Booten und den Schwimmern verdanke ich *Stefan Burr*, einem Graduate Student der Universität Princeton. Er hält sie für ungelöst; jedenfalls ist bisher noch keine Lösung veröffentlicht worden.

15. Der zitierte Abschnitt stammt aus *Frontiers of Numerical Analysis*, hrsg. v. *R. E. Langer*, University of Wisconsin Press, 1960; S. 71.

16. Das Problem ist eng verwandt mit gewissen „Abstimmungsmatrizen". Vgl. *Manfred Kochen, „A mathematical formulation of influence distributions in decision-making groups", Journal Soc. Industrial and Applied Math.*, Vol. 6 (1958), S. 199.

17. *Freund, „Round Robin Mathematics", Amer. Math. Monthly*, Vol. 63 (1956), S. 112. – Das Bridgeproblem ist älter: *R. E. Moritz, Amer. Math. Monthly*, Vol. 38 (1931), S. 340.

Ein anderes ungelöstes Turnierproblem findet sich am Ende einer Abhandlung von *Francis Scheid, Amer. Math. Monthly*, Vol. 67 (1960), S. 39.

18. Das Zitat über den Handelsreisenden stammt aus der Diskussion des Problems in *The New World of Math* von *George A. W. Boehm* (Dial Press, 1959). Eine Lösung für die (leicht modifizierten) Vereinigten Staaten findet sich auf S. 116.

18. *Franz Hohn, „The mathematical aspects of switching", Amer. Math. Monthly*, Vol. 62 (1955), S. 75.

20. *C. E. Shannon, Bell System Technical Journal,* Vol. 27 (1948), S. 379. Über die erschöpfende Anwendung des Shannonschen Theorems: *H. H. Goldstine* „Information Theory", *Science,* Vol. 133 (1961), S. 1395.

20. *R. E. Langer* (Hrsg.), *Frontiers of Numerical Analysis;* Zdenek Kopal, paper No. 3, „Numerical problems of contemporary celestial mechanics".

21. Das Postsparproblem stammt von *V. L. Klee, Amer. Math. Monthly,* Vol. 56 (1949), S. 413.

23. „College admissions and the stability of marriage", *D. Gale* und *L. S. Shapley, Amer. Math. Monthly,* Vol. 69 (1962), S. 9.

24. *Stanislav M. Ulam* von den Los Alamos Scientific Laboratories in New Mexiko ist der Autor von *A Collection of Mathematical Problems* (No. 8 der Interscience Tracts in Pure and Applied Mathematics, Interscience 1960). Verschiedene hier behandelte Probleme stammen aus dieser Sammlung, die wir im folgenden kurz als *Ulam* zitieren werden. Das Bridgeproblem ist Problem No. 9 auf S. 36.

Dieses Kapitel hat der großzügigen Unterstützung durch *Martin Gardner,* dessen mathematische Beiträge regelmäßig im *Scientific American* erscheinen, viel zu verdanken.

26. Zu diesem Paradox vgl. *G. C. Nerlich,* „Unexpected examinations and unprovable statements", *Mind,* Vol. 70 (1961), S. 503.

26. *Leonhard Euler* (1707–83) gilt als der produktivste Mathematiker der Geschichte.

27. *E. T. Parker, R. G. Bose* und *S. S. Shirkhande* haben ein Lateinisches Quadrat der Ordnung 10 gefunden und damit die Eulersche Vermutung widerlegt. Über diese Entdeckung wurde auf der ersten Seite der *New York Times* vom 26. April 1959 berichtet, was für mathematische Gegenstände höchst ungewöhnlich ist. *Gardner* hat über sie in der Novembernummer des *Scientific American* von 1959 ausführlich berichtet, und das hier in Bild 9 gezeigte Quadrat wurde farbig auf dem Umschlag reproduziert.

Im Zusammenhang mit dem Unterquadrat der Ordnung 3 muß man bemerken, daß sich ein neues lateinisches Quadrat ergibt, wenn man zwei Reihen oder zwei Spalten miteinander vertauscht. Diese Veränderung gilt als so trivial, daß man in beiden Fällen von demselben lateinischen Quadrat spricht. Das heißt, man kann das Unterquadrat nicht einfach zum Verschwinden bringen, indem man eine Spalte austauscht: Das ist unzulässig!

28. Die Polyomino-Probleme stammen aus einem Aufsatz von *S. W. Golomb* über „The general theory of polyominoes" in der Augustnummer 1961 einer kleinen Zeitschrift, die „Recreational Mathematics" heißt und in Idaho Falls, Idaho, USA, veröffentlicht wird.

Erst vor kurzem hat *R. C. Read* die Anzahl der Polyominos der Ordnungen 8, 9 und 10 bestimmt, und zwar in „Contributions to the cell growth problem", *Canadian Jour. Math.*, Vol. 14 (1962), S. 1. Die empirischen Methoden *Reads* geben keine Hinweise auf eine mögliche allgemeine Formel für die Ordnung n. Vgl. auch *F. Harary*, „Unsolved problems in the enumeration of graphs", *Publ. Math. Inst. Hungarian Acad. Sci.*, Vol. 5 (1960), S. 63.

30. Bei der (als theoretisches Modell gebrauchten) Maschine, von der in *Rados* Dreikartenproblem die Rede ist, handelt es sich um eine – nach ihrem *Erfinder, A. M. Turing,* benannte – *Turing-Maschine.*

Das Kugelproblem ist einem Rangfolgeproblem äquivalent, das von *Ford* und *Johnson* im *American Mathematical Monthly* (Vol. 66, 1959; S. 387) diskutiert worden ist.

31. Die Definition der Spieltheorie stammt aus *The Compleat Strategist* von *J. D. Williams* (McGraw-Hill, New York 1954; S. 215). Das Buch enthält keine Mathematik und ist ein löblicher Versuch, ein wissenschaftliches Spezialgebiet ganz einfach darzustellen. Manchmal will es einem scheinen, als ob der Preis dafür doch etwas hoch wäre: Einige Abschnitte leiden an einer gewissen Salzlosigkeit, der mit einer kleinen Prise Mathematik sicher abzuhelfen gewesen wäre. Aber im ganzen ist es gelungen. – Am anderen Ende der Skala finden wir den ganz und gar nicht leicht zu lesenden Klassiker von *John von Neumann* und *Oscar Morgenstern*, „*The Theory of Games and Economic Behavior*" (Princeton, 1944. Dt.: „Spieltheorie und wirtschaftliches Verhalten", Würzburg 1961).

Ich kann der Versuchung nicht widerstehen, hier noch eine Anekdote über *von Neumann* – der bis zu seinem Tode im Jahre 1957 einer der brillantesten Köpfe am Princeton Institute for Advanced Studies war – wiederzugeben. Ein Freund stellte ihm auf einem Spaziergang das Problem der fleißigen Biene (vgl. mein *Mathescope*, S. 39), das ganz einfach zu lösen ist, wenn man es richtig anfängt. *Neumann* ging ein paar Schritte weiter und dachte nach, dann wandte er sich seinem Freund zu und gab die richtige Antwort. Der sagte: „Man sieht eben, daß du Mathematiker bist. Du bist sofort auf den Trick gekommen. Die meisten Leute versuchen es mit der Summe einer unendlichen Reihe, und das ist eine ganz schöne Arbeit." „Ich weiß," antwortete von Neumann trocken, „das habe ich nämlich gerade gemacht".

32. Das Tetraederproblem: No. 4516, *Victor Thebault, Amer, Mathematical Monthly*, Vol. 59 (1952), S. 702.

32. Das Parabelproblem: No. 4241, *R. Goormaghtigh, Amer. Mathemacal Monthly*, Vol. 54 (1947), S. 168.

33. Das Lebesguesche Tafelproblem wird – ohne Hinweis auf eine Lösung – von *I. M. Yaglom* und *V. G. Boltyanski* in *Convex Figures* (Holt, Rinehart and Winston, New York 1961; S. 18) erwähnt. Für weitere ungelöste Probleme vgl. auch Kap. 6 des gleichen Buches.

34. Zu Figuren mit minimaler Fläche bei gegebenem Umfang und Durchmesser: *M. Scholander*, „On certain minimum problems in the theory of convex curves", *Trans. Amer. Math. Soc.*, Vol. 73 (1952), S. 139.

35. Zu den beiden Fragen über senkrecht aufeinanderstehende Sehnen: vgl. *Nicholas D. Kazarinoff*, „*Analytic Inequalities*", Holt, Rinehart & Winston, New York 1961, S. 85. Die erste Vermutung stammt von *Peter Unger* von der New York University.

35. Äquichordale Kurven: *G. Dirac, Journal London Math. Soc.*, Vol. 27 (1952), S. 429. Nach diesem Beitrag gibt es vermutlich keine Kurven mit zwei äquichordalen Punkten.

35. Zweite konvexe Fläche, die vom Punkt P beschrieben wird: Das Problem findet sich bei *Ulam* auf S. 38 und wird *Mazur* zugeschrieben.

35. *H. Auerbach, Studia Mathematica*, Vol. 7 (1938), S. 121. Der Kommentar von Steinhaus findet sich auf S. 162 der Neuausgabe meiner *Mathematical Snapshots*.

36. *Ulam* erwähnt das Problem des Schwimmgleichgewichts auf S. 38 und stellt eine verwandte Frage: Ist ein Körper, der sich bei jeder möglichen Orientierung auf einer horizontalen Ebene im Gleichgewicht befindet, notwendigerweise eine Kugel?

36. Für $n > 4$: vgl. *Yaglom* und *Boltyanski, Convex Figures*, S. 93.

37. *Goldberg* über Rotoren: *Amer. Math. Monthly*, Vol. 64 (1957), S. 76. S. auch *Mathematics of Computation*, Vol. 14 (1960), S. 235, wo 36 weitere einschlägige Hinweise gegeben werden.

37. Drei unter einem Winkel von 60° zusammenlaufende Sehnen: *Steinhaus, Polish Academy of Sciences,* Class 3, 1957, S. 595. Ebenso *Mathematical Snapshots*, S. 162 der Neuauflage.

37. Über die Nichtbiegbarkeit konvexer Flächen: *Hilbert* und *Cohn-Vossen*, Geometry and the Imagination, Chelsea, London 1952; S. 230. Sternpolyeder: *ibid.* S. 290. (Dt.: *D. Hilbert* u. *S. Cohn-Vossen*, „Anschauliche Geometrie", Berlin 1932.)

38. Das Mosersche Problem und das Sechseckdiagramm stammen aus dem *Recreational Mathematics Magazine*, Juni 1961; S. 51. Die Version mit gleichseitigen Dreiecken wird *Raphael Robinson* zugeschrieben. Für neuere Resultate zu den Farbenproblemen vgl. *W. T. Tutte* in *Scripta Mathematica*, Vol. 25 (1961), S. 305.

38. Die Frage über windschiefe Geraden im dreidimensionalen Raum stammt von *Littlewood*. Vgl. auch *Mathematical Puzzles and Diversions* von Martin Gardner, Crowell, New York 1961; S. 105.

39. Die Dreiecksfrage stammt von *Kazarinoff*, der eine negative Antwort vermutet. Vgl. *Analytic Inequalities*, S. 84.

39. Die Frage nach dem maximalen Tetraederschnitt ist kürzlich wieder als Advanced Problem No. 5006 im *American Mathematical Monthly* (Vol. 69, 1962; S. 63) gestellt worden.

40. A. R. Hyde, *Amer. Math. Monthly*, Vol. 63 (1956); S. 578.

40. Maximaler Schnitt durch einen geraden Kreiszylinder: *Amer. Math. Monthly*, Vol. 60 (1953), S. 715.

41. Die Zerlegung des Quadrats in spitzwinklige Dreiecke wird von *Gardner* im *Scientific American* (März 1960; S. 178) diskutiert.

41. „Acute isosceles dissection of the obtuse triangle", *V. E. Hoggat* Jr. und *Russ Denman, Amer. Math. Monthly*, Vol. 68 (1961), S. 912.

42. Die Zerlegung in 24 verschiedene Quadrate und eine faszinierende Darstellung ihrer Entdeckung findet man im *Scientific American* (November 1958; S. 142). Das Problem steht in direktem Zusammenhang mit dem Stromfluß in elektrischen Netzwerken und wurde auch in diesem Zusammenhang gelöst.

Die in Bild 22 wiedergegebene Tabelle stammt aus dem *Scientific American* (November 1961; S. 162).

43. Zum Packungsproblem: C. A. *Rogers*, „The packing of equal spheres", *Proc. London Math. Society* (3) Vol. 8 (1958), S. 609. Vgl. auch *Coxeter*, „Introduction to Geometry", Wiley, New York 1961; S. 457.

43. Vier Punkte auf einer Fläche: Orrin Frink, No. 4369, *Amer. Math. Monthly*, Vol. 56 (1949), S. 637.

43. Zu *Greenspans Problem:* No. 4774, *Amer. Math. Monthly*, Vol. 65 (1958), S. 125.

44. Gleichseitige Dreiecke: *J. Gallego-Diaz, Amer. Math. Monthly*, Vol. 60 (1953), S. 336.

44. Über Vierseite: *Josef Langr, ibid.,* S. 551.

45. Die Zitate stammen aus „*Thebault* – the number theorist" von *E. P. Starke,* einem Beitrag zu einer Reihe von Würdigungen, die in der Oktoberausgabe 1947 des *American Mathematical Monthly* (Vol. 54; S. 443) erschienen sind. Das zitierte Problem ist No. 3886, S. 482; Vol. 45.

46. *Pierre de Fermat,* 1601–65.

46. Die Formel für alle ganzzahligen pythagoräischen Tripel findet man bei *Courant* und *Robbins,* „Was ist Mathematik", S. 33.

47. Vor kurzem hat ein Amateurmathematiker namens *von Ammon* eine neue Art von „Sieb" entwickelt, das er als *Scanner* bezeichnet und verwendet, um die Primzahleigenschaft bei sehr großen Zahlen ohne umständliche Berechnungen und ohne Computerhilfe festzustellen. Eine ausführliche Beschreibung des Verfahrens befand sich 1962 noch in Vorbereitung; aber sein Erfolg steht – wenigstens in einigen Hinsichten – außer Zweifel. Von *Ammon* war z. B. in der Lage, 85 „neue" Primzahlen der Form $n^2 - 2$ zwischen 100 000 000 und 121 000 000 zu ermitteln. Seine Liste wurde durch die Datenverarbeitungsabteilung von IBM mit Hilfe eines Computers überprüft und für fehlerfrei befunden. (*Frederic von Ammon,* 5404 N. E. 22 Ave., Fort Lauderdale, Florida, U. S. A.)

49. *G. A. Paxson.* Das Zitat stammt aus einem Brief Raphael Robinsons an den Verfasser (vom 11. Februar 1961).

49. Vgl. *R. M. Robinson,* „A report on primes of the form $k \cdot 2^n + 1$ and on factors of Fermat numbers", *Proc. Amer. Math., Soc.,* Vol. 9 (1958), S. 473.

49. Die „neue Vermutung" über Mersennesche Primzahlen findet sich auf S. 278 des 64. Bandes (1957) vom *American Mathematical Monthly* und stammt vermutlich von *Emory P. Starke.*

49. Die Zitate von *Lucas* und *Ball* stehen im Chelsea-Nachdruck von *Kleins Famous Problems of Elementary Geometry* (1955; dt.: „Vorträge über ausgewählte Fragen der Elementargeometrie", Leipzig 1895) S. 81 ff. Die dort gegebenen Hinweise sind veraltet.

51. Die Teiler von F_7 und F_8 wurden von *Robinson* mit Hilfe eines Programms gesucht, das er gerade auf der SWAC laufen hatte. Das Programm wurde bis an die Grenzen seiner Leistungsfähigkeit ausgeschöpft; das Resultat blieb, wie gesagt, negativ.

51. Teiler der Zahlen, die aus n Einsen bestehen, werden in *Recreational Mathematics* vom Oktober 1961 auf S. 57 diskutiert. Die Zeilen 10 und 11 dieser Seite müßten lauten: „Für die folgenden 13 zusammengesetzten Zahlen sind jedoch die Teiler der sich ergebenden Zahl nicht bekannt: 38, 43, ..."

53. Der Beweis, daß beim Pascalschen Dreieck n alle inneren Zahlen der n-ten Zeile teilt, wenn n prim ist, ist von mir auf S. 137 von *Through the Mathescope* ausgeführt worden.

Das Problem am Ende des Abschnitts über das Pascalsche Dreieck ist mit E 1145 (*Amer. Math. Monthly,* Vol. 61, 1954; S. 712) äquivalent.

54. „Some conjectures associated with the Goldbach conjecture". Unter diesem Titel haben *I. A. Barnett* und *Ted Cook* von der University of Cincinnati u. a. folgendes geschrieben:

„Bei der ersten Vermutung handelt es sich um eine stärkere Form der Goldbachschen Vermutung für ungerade Zahlen. Sie besagt, daß für jede ungerade Zahl der Form $2k - 1 = x + 2y$, wobei x und y Primzahlen sind und $k \geq 4$. Nach der zweiten Vermutung kann man für jede ungerade Zahl der Form $6k + 1$ oder $6k + 5$ eine Darstellung $2x' + 3y'$ (x', y' prim; $k \geq 3$) finden, bei der entweder x' oder y' als eine der Primzahlen in der Darstellung von $2k - 1$ als Summe einer Primzahl und einer verdoppelten Primzahl auftritt. Beide Vermutungen sind bis etwa 15 000 verifiziert worden."

(*Amer. Math. Monthly*, Vol. 68, 1961; S. 711)

54. Die Zitate stammen aus *Ulam*, S. 120.

55. Die zweite *Ulam*-Folge wurde dem Verfasser in einem Brief vom 22. März 1961 mitgeteilt.

55. Das Problem der Paare von Primzahlen mit umgekehrter Ziffernfolge stammt von *I. A. Barnett*.

56. Für eine ausführlichere Diskussion der Dezimalentwicklung von 1/7 vgl. Kap. 2 von *Through the Mathescope*.

56. Weitere interessante Fragen ergeben sich aus der Untersuchung nicht-maximaler periodischer Dezimalentwicklungen der Kehrwerte von Primzahlen. *J. C. Severn* aus Toledo, Ohio, hat Methoden entwickelt, mit deren Hilfe man Perioden bestimmter Länge feststellen kann. In einem Brief an den Verfasser (von 1960) findet sich die folgende Liste aller Primzahlen p, deren Dezimalentwicklung $1/p$ die gekennzeichnete Periodenlänge besitzt:

<table>
<tr><td colspan="2" align="center">Liste aller Primzahlen, deren Kehrwerte
periodenlängen < 17 haben.</td></tr>
<tr><td align="center">Periode</td><td align="center">Primzahl</td></tr>
<tr><td align="center">1</td><td>3</td></tr>
<tr><td align="center">2</td><td>11</td></tr>
<tr><td align="center">3</td><td>37</td></tr>
<tr><td align="center">4</td><td>101</td></tr>
<tr><td align="center">5</td><td>41, 217</td></tr>
<tr><td align="center">6</td><td>7, 13</td></tr>
<tr><td align="center">7</td><td>239, 4649</td></tr>
<tr><td align="center">8</td><td>73, 137</td></tr>
<tr><td align="center">9</td><td>333 667</td></tr>
<tr><td align="center">10</td><td>9091</td></tr>
<tr><td align="center">11</td><td>21 649, 513 239</td></tr>
<tr><td align="center">12</td><td>9901</td></tr>
<tr><td align="center">13</td><td>53, 79, 265 371 653</td></tr>
<tr><td align="center">14</td><td>909 091</td></tr>
<tr><td align="center">15</td><td>31, 2 906 161</td></tr>
<tr><td align="center">16</td><td>17, 5 882 353</td></tr>
</table>

Nach *Severn* kann es keine weiteren Primzahlen mit diesen Perioden-längen geben. Seine Arbeit beruht natürlich auf numerischer Analyse, nicht bloßem Probieren; er hat dazu aber nur eine Tischrechenmaschine benutzt.

Für diejenigen, die daran interessiert sind, dem Problem der nur aus Einsen bestehenden Zahlen nachzugehen, verweist *Severn* auf folgenden Umstand, der ihnen dabei behilflich sein könnte: Angenommen, wir haben eine Periodenlänge q. Wenn dann q selber eine Primzahl > 3 ist, bemerken wir, daß in jedem Falle das Produkt aller Primzahlen p, deren Kehrwert die Periodenlänge q besitzt, die Zahl ist, die aus genau q Einsen besteht. Es handelt sich bei diesen beiden Problemen also in Wirklichkeit nur um zwei Aspekte des gleichen Problems.

Eine (unvollständige) Tafel, die die Severnsche Tafel bis zur Periodenlänge 100 fortführt, ist 1874 von dem gleichen *William Shanks* veröffentlicht worden, der den Wert von π handschriftlich bis zur 707 Dezimalstelle berechnet hat. (*Proceedings of the Royal Society*, Vol. 22, S. 382.)

Gauß' *Werke* (Band 2, S. 412) enthalten eine Liste der dekadischen Entwicklungen der Kehrwerte aller Primzahlen < 1000 und der Primzahlpotenzen.

Ein Baseballfanatiker hat mir einmal erzählt, daß er bei seinen Berechnungen von Batting-Durchschnitten empirisch entdeckt habe, daß die Periodenlänge einer nichtmaximalen Primzahl p immer ein Teiler von $p - 1$ sei.

Wenn p eine maximale Primzahl ist, dann ist die Periodenlänge für p^m gleich $p^m - p$.

57. $n! + 1$: *Amer. Math. Monthly*, Vol. 58, 1951; S. 193.

58. Eine ausgezeichnete Darstellung des Waringschen Problems findet man in Kap. 9 von *Hans Rademacher* u. *Otto Toeplitz*, „Von Zahlen und Figuren. Proben mathematischen Denkens für Liebhaber der Mathematik", Berlin 1930. (Amerik. Ausgabe: *The Enjoyment of Mathematics*, Princeton U. P. 1957.)

58. *L. J. Mordell, Reflections of a Mathematician*, Canadian Math. Congress 1959, S. 19.

Diese Vermutung kommt auf S. 62 dieses Buchs noch einmal zur Sprache.

58. Vollkommene Zahlen: vgl. *Rademacher* und *Toeplitz*, Kap. 19.

59. Überschüssige Zahlen: *Amer. Math. Monthly*, Vol. 57 (1950), S. 561.

59. Die Bemerkung über *Dickson* stammt aus der *History*, Bd. 2, S. 647.

60. Das erste Problem über aufeinanderfolgende Potenzen stammt aus dem *American Mathematical Monthly*, Vol. 39 (1932), S. 175. Vgl. auch *Dickson*, Bd. 2, S. 585. Das erweiterte Problem stammt aus dem *Amer. Math. Monthly*, Vol. 45 (1938), S. 253; das dritte aus Vol. 47 (1940), S. 182.

61. Die vierzehn Diophantischen Probleme entstammen den folgenden Quellen:

1, 2, 3, 4, 5, 8 und 9 aus einer Abhandlung von *W. Sierpinski*, „On some unsolved problems of arithmetics", *Scripta Mathematica*, Vol. 25 (1960), S. 125. (Ausgenommen die Fragen nach der asymptotischen Dichte, bei denen es sich um eine Zugabe von mir handelt.) Es finden sich noch zahlreiche weitere Probleme bei *Sierpinski*.

6, 7 und 10 sind von *Mordell, Journal London Math. Soc.*, Vol. 28 (1953), S. 500.

11, 12 und 13 verdanke ich *I. A. Barnett* von der Universität von Cincinnati, der sie mir 1961 mitgeteilt hat.

14 stammt von *Mordell, Journal London Math. Society*, Vol. 36 (1961), S. 355.

63. Das Problem der allgemeinen kubischen Gleichung: *Mordell, „Reflections of a Mathematician"*, S. 32.

63. *Davenport: Journal London Math. Soc.*, Vol. 35 (1960), S. 141.

63. Das Schachtelproblem wurde 1955 formuliert (*Amer. Math. Monthly*, Vol. 62; S. 494), lag aber schon vorher in der Luft.

64. Walkers Problem: No. 4326 und 4327, *Amer. Math. Monthly*, Vol. 56 (1949), S. 39.

64. *Stefan Burr* aus Princeton sagt, daß er die Vermutung über 144 „fast schon" bewiesen hat. Für eine elementare Darstellung weiterer Eigenschaften der Fibonacci-Zahlen vgl. *N. N. Vorobev, „Fibonacci Numbers"*, Random House, New York 1961.

65. „Ist ein solches Koordinatennetz möglich?" Nein.

66. Daß vier Farben für eine Karte von 34 oder weniger Ländern hinreichend sind, hat *Philip Franklin* vom Massachusetts Institute of

Technology (M. I. T.) bewiesen: *Journal of Mathematics and Physics*, Vol. 16 (1937), S. 172.

67. Bei *Steinhaus*, „*Mathematical Snapshots*", findet man auf S. 296 das Diagramm einer Toruskarte, für die man sieben Farben braucht.

68. *Ulam*, S. 50.

Das Problem der Fixpunkteigenschaft wird von *R. H. Bing* auf S. 41 seiner *Elementary Point Set Topology* (No. 8 der Slaught Memorial Papers, veröffentlicht von der Mathematical Association of America, 1960) behandelt. Das nächste Problem findet sich auf S. 28 des gleichen Buchs. Die Arbeit von *E. E. Moise* aus dem Jahre 1948 heißt: „An indecomposable plane continuum which is homeomorphic to each of its non-degenerate sub-continua", *Trans. Amer. Math. Soc.*, Vol. 63 (1948), S. 581.

70. Verschlungenheit: *Ulam*, S. 46.

70. Kraftlinien: *Ulam*, S. 108.

72. Das Problem von *Hawthorne*: *Amer. Math. Monthly*, Vol. 62 (1955), S. 40.

73. Das Münzproblem: *Amer. Math. Monthly*, Vol. 48 (1941), S. 483.

73. Das Briefmarkenstreifen- und das Kartenfaltproblem stammen aus *The New World of Math.*, S. 114 und S. 75.

74. Das abstrakte kombinatorische Problem: *Amer. Math. Monthly*, Vol. 51 (1944), S. 534.

74. *Das Caliban-Problem*. Die Wahrscheinlichkeit, k rote Kugeln aus einem Beutel zu ziehen, der n Kugeln enthält, von denen r rot sind, ist $p = rCk/nCk$. Man sieht sofort durch Ausschreiben der C, daß immer dann $p = 1/2$, wenn $n = 2\,k$ und $r = 2\,k - 1$:

$$p = \frac{(2\,k - 1)\,(2\,k - 2) \ldots (2\,k - k + 1)\,(2\,k - k)}{2\,k\,(2\,k - 1)\,(2\,k - 2) \ldots (2\,k - k + 1)} = \frac{1}{2}.$$

Für $k = 5$ erhalten wir die Antwort *Calibans*. Es bleibt die Frage, ob es möglich ist, 1/2 zu bekommen, auch wenn sich weniger Faktoren aufheben. Man findet durch Probieren, daß es immer zu viele Primfaktoren gibt. Wir geben die Information über die p in der Nachbarschaft von 1/2 in der folgenden Tafel wieder. Die Zahl in der linken Spalte jeder Reihe gibt die Anzahl der Faktoren im Zähler von p wieder, die sich aufheben, weil sie auch im Nenner vorkommen.

	$k = 5$	$k = 6$
0	Dies würde eine Folge von $2k$ zusammengesetzten ganzen Zahlen in der Nachbarschaft von 50 erfordern. Sie existiert nicht.	
1	$\dfrac{28\,C\,5}{32\,C\,5} < \dfrac{1}{2} < \dfrac{29\,C\,5}{33\,C\,5}$	$\dfrac{43\,C\,6}{48\,C\,6} < \dfrac{1}{2} < \dfrac{44\,C\,6}{49\,C\,6}$
2	$\dfrac{22\,C\,5}{25\,C\,5} < \dfrac{1}{2} < \dfrac{23\,C\,5}{26\,C\,5}$	$\dfrac{35\,C\,6}{39\,C\,6} < \dfrac{1}{2} < \dfrac{36\,C\,6}{40\,C\,6}$
3	*	$\dfrac{27\,C\,6}{30\,C\,6} < \dfrac{1}{2} < \dfrac{28\,C\,6}{31\,C\,6}$
4	Der Fall Calibans: $\dfrac{9\,C\,5}{10\,C\,5} = \dfrac{1}{2}$	*
5		Der Fall Calibans $\dfrac{11\,C\,5}{12\,C\,5} = \dfrac{1}{2}$

In den Fällen, die mit * gekennzeichnet sind, betrachten wir variable k und verlangen, daß sich alle bis auf 2 Faktoren aufheben, so daß übrigbleibt:

$$\frac{(n-k)\,(n-k-1)}{n\,(n-1)} = \frac{1}{2}.$$

Wenn wir diese quadratische Gleichung nach k auflösen, ergibt sich:

$$k = \frac{2n-1 \pm \sqrt{2n^2 - 2n + 1}}{2}.$$

Bei der Diskriminante muß es sich ebenfalls um eine Quadratzahl handeln, sagen wir m^2. Lösen wir nun m nach n auf, erhalten wir:

$$n = \frac{1}{2}\left(1 \pm \sqrt{2m^2 - 1}\right).$$

Man weiß, daß die m, bei denen $2m^2 - 1$ eine Quadratzahl wird, die Nenner jeder zweiten Konvergenten der Kettenbruchentwicklung von $\sqrt{2}$ sind.

Das erste brauchbare m ist 5, was besagt, daß $n = 4$, $k = 1$ und $r = 2$ eine Lösung ergeben. Wir haben es hier mit dem relativ trivialen Fall zu tun, daß wir eine Kugel aus einem Beutel ziehen, der zwei rote und zwei andersfarbige Kugeln enthält. Ersichtlich gilt $p = 1/2$.

Das nächste brauchbare m ist 29; $n = 21$, $k = 6$, $r = 19$. Also ist die Wahrscheinlichkeit, sechs rote Kugeln aus einem Beutel mit neunzehn roten und zwei andersfarbigen Kugeln zu ziehen, gleich 1/2. Dies ergibt sich *zusätzlich* zum Caliban-Fall, der bei jedem der beiden k der Tabelle einmal auftritt. Es gibt also nicht nur eine Lösung für 2; aber wir haben darüber hinaus bewiesen, daß 5 kein brauchbares k ist, und dürfen folgern, daß es nur eine Lösung für 1 gibt.

Wir haben auch noch einige andere k gefunden, bei denen man sicher nicht von einer eindeutigen Lösung sprechen kann. Das nächste solche k wäre 35, für das $n = 120$ und $r = 118$ eine Lösung ergibt.

Unbeantwortet bleibt die Frage: Für welche weiteren k ist die Lösung nichteindeutig, weil sich alle außer 3, 4 oder ... k Faktoren aufheben? Die allgemeinen Diophantischen Gleichungen für diese Fälle sind vom 3., 4., bzw. k-ten Grade und entsprechend unhandlich.

75. Das Problem der geringsten Anzahl von Schnittpunkten wird von *Richard K. Guy* in NABLA, dem Journal der Malayan Mathematical Society (Singapur, Juni 1960; S. 68), diskutiert. Vgl. auch das Problem der drei exzentrischen Professoren auf S. 126 von *Through the Mathescope.*

77. *Ulam*, No. 5; S. 40.

78. *A. W. Goodman*, „The number of terms in the expansion of an infinite determinant", *Amer. Math. Monthly*, Vol. 55 (1948), S. 419.

78. *Kurt Gödel*, „What is Cantor's continuum problem?", *Amer. Math. Monthly*, Vol. 54 (1947), S. 515.

Neue Hypothesen, die die Kontinuumshypothese implizieren: *Notices of the Amer. Math. Society*, Vol. 8, No. 1, (1961), S. 55, 61 — T — 9.

80. *Tibor Rado*, „The problem of the least area", *Mathematische Zeitschrift*, Bd. 32 (1930), S. 763.

80. *Jesse Douglas*, „Solution of the problem of Plateau", *Transactions Amer. Math. Soc.*, Vol. 33 (1931), S. 263.

80. *H. D.* und *S. K. Stein*, „On dividing an object efficiently", *Amer. Math. Monthly*, Vol. 63 (1956), S. 111.

80. Geraden, die ein Drittel der Dreiecksfläche abschneiden: Das Problem ist nicht mehr ungelöst. Nachdem dieses Buch in Druck gegangen war, wurde von *V. E. Hoggatt* Jr. im *Amer. Math. Monthly* (Vol. 69 (1962), S. 98) eine vollständige Lösung veröffentlicht.

81. Minimalflächen in einem würfelförmigen Drahtrahmen: *Courant* und *Robbins*, „Was ist Mathematik", S. 293 ff. Vgl. auch Abb. 212 auf S. 549 von *D'Arcy Thompson*, *On Growth and Form*, Cambridge 1952.

82. Bei den Problemen hinsichtlich der Minimalbewegungen handelt es sich um Zitate aus *Ulam*, S. 79, No. 9.

82. Die hängende Kette: *John Disch* in *Amer. Math. Monthly*, Vol. 59 (1952), S. 329.

83. Die drei Probleme von *Erdos:* (1) *Amer. Math. Monthly*, Vol. 56 (1949), S. 343; (2) No. 3835 im *Dunkel Memorial Problem Book*, veröffentlicht 1957 von der Mathematical Association of America; (3) *Ulam*, S. 27, No. 9.

84. Kleinste Koeffizienten: *Amer. Math. Monthly*, *Vol. 57* (1950), S. 264.

85. Diese Definition einer Funktion ist weder vollständig noch hinreichend streng, wird hier aber ihren Zweck erfüllen.

86. Die zitierte Zeile stammt von *Konrad Knopp*, *Infinite Sequences and Series*, Dover, 1956, S. 122. (In der 5. deutschen Auflage von 1964 (Konrad Knopp, „Theorie und Anwendung der unendlichen Reihen", Springer, Berlin-Heidelberg) findet sich an einschlägiger Stelle die Bemerkung: „Die tatsächliche Herstellung der Reihe $y + b_2 y^2 + \ldots$ aus der Reihe $x + a_2 x^2 + \ldots$ ist ... mit erheblichen Schwierigkeiten verbunden und erfordert von Fall zu Fall besondere Hilfsmittel." (S. 190) – Üb.).

86. Die Zeta-Funktion kann als komplexe Funktion fortgesetzt werden. Die bisher noch unbewiesene Riemannsche Hypothese besagt, daß alle Nullstellen dieser Funktion einen Realteil $= 1/2$ haben.

87. Für Material zu $\zeta (2n)$ vgl. u. a. *Knopp*, S. 461.

87. Bei den kürzlich gefundenen Hinweisen zu $\zeta(2n+1)$ handelt es sich um Arbeiten von *Rolfe P. Ferguson*, eines Studenten am Hamilton College, der eine unabhängige und bemerkenswert gründliche Untersuchung des Problems durchgeführt hat. Ganz im groben scheint die Situation gewisse Ähnlichkeiten mit dem Versuch zu haben, eine Fourier-Reihenentwicklung für eine ungerade Funktion zu finden, die nur Cosinusausdrücke enthält.

Namen- und Sachwortverzeichnis

vieweg paperbacks

WTB Wissenschaftliche Taschenbücher

Chemische Thermodynamik
von W. Wagner — DM 6,80

Elementare Methoden zur Lösung von Differentialgleichungsproblemen
von H. Goering — DM 4,80

Elementarteilchen
von A. A. Sokolow — DM 3,80

Grundzüge der Relativitätstheorie
von A. Einstein — DM 9,80

Magnetochemie
von W. Haberditzl — DM 6,80

Mathematische Hilfsmittel in der Physik I
von G. Heber — DM 6,80

Mathematische Hilfsmittel in der Physik II
von G. Heber — DM 6,80

Relativität und Kosmos
von H.-J. Treder — DM 6,80

Spektroskopische Methoden in der organischen Chemie
von R. Borsdorf / M. Scholz — DM 6,80

Über spezielle und allgemeine Relativitätstheorie
von A. Einstein — DM 6,80

Varianzanalyse
von H. Ahrens — DM 9,80

Weiterhin sind als Paperbacks lieferbar:

Der Aufstieg der wissenschaftlichen Philosophie
von H. Reichenbach — DM 16,80

Bedeutung und Begriff
von S. J. Schmidt — DM 16,80

Boolsche Algebra und ihre Anwendung
von J. E. Whitesitt — DM 10,80

Grundlagen der Regelungstechnik
von E. Pestel / E. Kollmann — DM 19,80

Über mehrwertige Logik
von A. A. Sinowjew — DM 9,80

Programmierte Einführung in die Wahrscheinlichkeitsrechnung
von D. Stempell — DM 14.80

Was ist Wissenschaft?
von R. Wohlgenannt — DM 16,80

uni-texte

Studienbücher

Gruppentheorie
von K. Mathiak / P. Stingl — DM 9,80

Mechanik
von L. D. Landau / E. M. Lifschitz — DM 9,80

Mechanik I: Grundbegriffe – Kinematik – Statik
von K.-A. Reckling — DM 9,80

Quantenmechanik I
von G. Grawert — DM 9,80

Quantenmechanik II
von G. Grawert — DM 9,80

Rechenseminar in physikalischer Chemie
von K. Torkar / H. Krischner — DM 9,80

Wechselströme und Netzwerke
von W. Leonhard — DM 9,80

Lehrbücher

Einführung in die höhere Mathematik
von H. Dallmann / K. H. Elster — DM 36,00

Elektromagnetische Wellen I
von H.-G. Unger — DM 16,80

Elektromagnetische Wellen II
von H.-G. Unger — DM 12,80

Elektronische Bauelemente und Netzwerke I
von H.-G. Unger / W. Schultz — DM 16,80

Elektronische Bauelemente und Netzwerke II
von H.-G. Unger / W. Schultz — DM 16,80

Energieverteilung
von H. Lau / W. Hardt — DM 12,80

Grundlagen der Funktionentheorie
von W. Tutschke — DM 12,80

Methoden der Fehler- und Ausgleichsrechnung
von R. Ludwig — DM 16,80

Physik der Halbleiter I
von D. Geist — DM 14,80

Physikalische Grundlagen der Hochfrequenztechnik
von E. Meyer / R. Pottel — DM 29,50

Physikalische und technische Akustik
von E. Meyer / E.-G. Neumann — DM 29,50

Plasma und Lichtbogen
von W. Rieder — DM 12,80

Quantenelektronik
von H.-G. Unger — DM 7,50

Strömungsmeßtechnik
von W. Wuest — DM 19,80

Theorie der Leitungen
von H.-G. Unger — DM 12,80

Vorstufe zur höheren Mathematik
von S. G. Krein / V. N. Uschakowa — DM 6,80

Der Wald – Begründung, Aufbau und Erhaltung
von J. Barner — DM 12,80

Taschenbücher der Technik

Reihe Automatisierungstechnik

ALGOL 60 – Eine Sprache der Rechenautomaten
von Ch. Andersen — DM 6,40

Automatisierungsanlagen
von R. Müller — DM 6,40

Betriebsmeßtechnik
von M. Schroedter / J. Meyer — DM 6,40

Digitale Kleinrechner
von G. Schubert — DM 6,40

EDV – Grundstufe der COBOL-Programmierung
von D. Bär — DM 6,40

EDV – Oberstufe der COBOL-Programmierung
von D. Bär — DM 6,40

EDV – Praxis der COBOL-Programmierung
von D. Bär — DM 6,40

Einführung in die Schaltalgebra
von D. Bär — DM 6,40

Elektronische Bauelemente in der Automatisierungstechnik
von K. Götte — DM 6,40

FORTRAN – Datenbeschreibung und Unterprogrammtechnik
von G. Paulin — DM 6,40

FORTRAN – Kodierung von Formeln
von G. Paulin — DM 6,40

Integrierte Datenverarbeitung
von G. Brenk / G. Eichner — DM 6,40

Kleines Lexikon der Betriebsmeßtechnik
von G. Jeschke — DM 6,40

Kleines Lexikon der Rechentechnik und Datenverarbeitung
von G. Paulin — DM 6,40

Mehrfachregelungen
von H. Fuchs / W. Weller — DM 6,40

Pneumatische Bausteinsysteme in der Digitaltechnik
von H. Töpfer u. a. — DM 6,40

Pneumatische Steuerungen
von H. Töpfer u. a. — DM 6,40

Programmgesteuerte Universalrechner
von F. Stuchlik — DM 6,40

Projektierung von Regelungsanlagen
von H. Schöpflin — DM 6,40

Regelung von Dampferzeugern
von W. Weller — DM 6,40

Regelungstechnik für Praktiker
von G. Schwarze — DM 6,40

Statistische Methoden in der Regelungstechnik
von M. Peschel — DM 6,40

Zerstörungsfreie Prüfverfahren
von J. Gensel — DM 6,40

Ostwalds Klassiker

der exakten Wissenschaften-
Taschenbuchreihe kommentierter
Originaltexte

Die Begründung der Elektrochemie und Entdeckung der ultravioletten Strahlen
von J. W. Ritter — DM 14,00

Über die Einführung absoluter elektrischer Maße
von W. Weber und R. Kohlrausch — DM 9,80

Das Feste im Festen
von Niels Stensen — DM 18,00

Neun Bücher arithmetischer Technik – Ein chinesisches Rechenbuch für den praktischen Gebrauch aus der frühen Hanzeit — DM 16,80

De Thiende (Dezimalbruchrechnung)
von Simon Stevin — DM 7,80

Studienausgaben

Abriß der Geschichte der Mathematik
von D. J. Strulk — DM 10,80

Atomare Struktur und Festigkeit der Metalle
von N. F. Mott — DM 3,80

Atomphysik und menschliche Erkenntnis I
von N. Bohr — DM 9,80

Atomphysik und menschliche Erkenntnis II
von N. Bohr — DM 12,80

Aufgabensammlung zur Vektorrechnung
von A. Wittig — DM 6,40

Bildungsaufgaben des physikalischen Unterrichts
von E. Hunger — DM 9,80

Die biologischen Grundlagen des Lebens
von C. H. Waddington — DM 10,80

Denkweisen großer Mathematiker
von H. Meschkowski — DM 6,80

Differentialgeometrie in Vektorräumen
von D. Laugwitz — DM 13,80

Der dritte Hauptsatz der Thermodynamik
von J. Wilks — DM 10,80

Einführung in die diskreten Markoff-Prozesse und ihre Anwendungen
von H. Lahres — DM 9,80

Einführung in die formale Logik
von G. Harbeck — DM 6,80

Einführung in die Vektorrechnung
von A. Wittig — DM 6,40

Elementare Wellenmechanik
von W. H. Heitler — DM 10,80

Erscheinungsformen und Gesetze des Zufalls
von W. Böhme — DM 9,80

Geist und Materie
von E. Schrödinger — DM 9,00

Grundgesetze der Physik
von A. Haendel — DM 8,20

Die Grundlagen des physikalischen Begriffssystems
von W. H. Westphal — DM 5,60

Vom Haushalt der Zelle
von J. A. V. Butler — DM 12,80

Klassische Wahrscheinlichkeitsrechnung
von K. Wellnitz — DM 4,80

Kleines Lehrbuch der Elektrotechnik
herausgegeben von G. K. M. Pfestorf
Band I: Gleichstrom — DM 6,80
Band II: Wechselstrom — DM 6,80
Band III: Elektrische und magnetische Felder als Grundlage der Elektrotechnik — DM 12,80
Band IV: Wechselstromlehre I — DM 6,80
Band V: Wechselstromlehre II — DM 6,80
Band VI: Lichttechnik — DM 7,90

Kombinatorik
von K. Wellnitz — DM 3,90

Mathematische Leckerbissen
von C. S. Ogilvy — DM 9,80

Mathematische Rätsel und Probleme
von M. Gardner — DM 10,80

Der Mensch und die naturwissenschaftliche Erkenntnis
von W. H. Heitler — DM 8,80

Moderne Wahrscheinlichkeitsrechnung
von K. Wellnitz   DM 6,80

Die naturwissenschaftliche Erkenntnis:
von E. Hunger

Band 1 – Begriff und Methode   DM 4,90

Band 2 – Der Mensch und die Naturwissenschaft
    DM 4,90

**Band 3 – Prinzipienfragen der naturwissenschaftlichen
Erkenntnis**   DM 4,90

Nichteuklidische Geometrie
von H. Meschkowski   DM 4,80

Physikalische Aufgaben
von H. Lindner   DM 8,80

Die physikalische Erkenntnis und ihre Grenzen
von A. March   DM 10,80

Physikalische Kernchemie
von U. Schindewolf   DM 10,80

Symbole, Einheiten und Nomenklatur in der Physik
Document U.I.P. (IUPAP)   DM 3,50

Unterhaltsame Mathematik
von R. Sprague   DM 6,80

Vektoren in der analytischen Geometrie
von A. Wittig   DM 6,80

Was sind und was sollen die Zahlen?
Stetigkeit und irrationale Zahlen
von R. Dedekind   DM 5,80

Wendepunkte in der Physik
D. ter Haar u. A. C. Crombie   DM 9,80

C + International Library

Advanced Engineering Thermodynamics
von R. S. Benson   DM 14,40

Agricultural Physics
von C. W. Rose   DM 10,10

Applied Group Theory
von A. P. Cracknell   DM 21,60

Atomic Spectra
von W. R. Hindmarsh   DM 16,80

Basic Instrumentation for Engineers an Physicists
von A. M. P. Brookes   DM 10,10

Basic Principles of Electronics, Vol. 1: Thermionics
von J. Jenkins und W. H. Jarvis   DM 10,10

Chemical Binding and Structure
von J. E. Spice   DM 10,10

Chemical Kinetics and Surface / Colloid Chemistry
von A. F. Trotman-Dickenson und G. D. Parfitt
    DM 8,40

The Chemistry of the Metallic Elements
von D. Steele   DM 10,10

Chemistry of the Non-Metallic Elements
von E. Sherwin und G. J. Weston   DM 7,20

**Concerning Amines – Their Properties
Preparation and Reactions**
von D. Ginsburg   DM 12,00

**On the Contributions of Faraday and Maxwell to
Electrical Science**
von R. A. R. Tricker   DM 12,00

Diffraction – Coherence in Optics
von M. Françon   DM 9,60

Elementary Reactor Physics
von P. J. Grant   DM 10,10

Elements and Formulae of Special Relativity
von E. A. Guggenheim   DM 6,00

The Fundamentals of Corrosion
von J. C. Scully   DM 10,10

Heavy Organic Chemicals
von A. J. Gait   DM 12,00

High Explosives and Propellants
von S. Fordham   DM 10,10

High Pressure Chemistry
von R. S. Bradley und D. C. Munro   DM 10,10

Inorganic Chemistry in Non-Aqueous Solvents
von A. K. Holliday und A. G. Massey   DM 8,40

Introduction to Dislocations
von P. Hull   DM 12,00

An Introduction to Gas Discharges
von A. M. Howatson   DM 10,10

An Introduction to Chemical Metallurgy
von R. H. Parker   DM 16,80

Introduction to Polymer Chemistry
von D. Margerison und G. C. East   DM 12,00

Introductory Practical Physical Chemistry
von D. T. Burns und E. Rattenbury   DM 7,20

Irradiation Damage to Solids
von B. T. Kelly   DM 12,00

Kinetics of Inorganic Reactions
von A. G. Sykes   DM 14,40

Kinetic Theory, Vol. 1:
The Nature of Gases and of Heat
von S. G. Brush   DM 8,40

Kinetic Theory, Vol. 2: Irreversible Processes
von S. G. Brush   DM 10,10

The Laws and Applications of Thermodynamics
von A. D. Buckingham   DM 10,10

Magnetohydrodynamics with Hydrodynamics, Vol. 1
von P. C. Kendall und C. Plumpton   DM 8,40

Nuclear Forces
von D. M. Brink   DM 8,40

Optical Illusions
von S. Tolansky   DM 8,40

**Purines, Pyrimidines and Nucleotides
and the Chemistry of Nucleic Acids**
von T. L. V. Ulbricht   DM 6,00

**Reaction Kinetics, Vol. 1: Homogeneous Gas
Reactions**
von K. J. Laidler   DM 10,10

Reaction Kinetics, Vol. 2: Reactions In Solution
von K. J. Laidler   DM 8,40

Selected Readings in Chemical Kinetics
von M. H. Back und K. J. Laidler   DM 10,10

**Semiconductor Circuits: Theory,
Design & Experiment**
von J. R. Abrahams und G. J. Pridham   DM 14,40

**Some Electrical and Optical Aspects of Molecular
Behaviour**
von M. Davies   DM 7,20